黄连山

常见昆虫生态图鉴

Field guide to common insects of Huanglian Mountain

李　虎　何疆海　刘星月　朱正明　主编

河南科学技术出版社
·郑州·

图书在版编目（CIP）数据

黄连山常见昆虫生态图鉴 / 李虎等主编.— 郑州：
河南科学技术出版社, 2018.7
ISBN 978-7-5349-9295-7

Ⅰ. ①黄… Ⅱ. ①李… Ⅲ. ①昆虫—绿春县—图集
Ⅳ. ①Q968.227.44-64

中国版本图书馆CIP数据核字(2018)第154727号

出版发行：河南科学技术出版社
地址：郑州市经五路66号　邮编：　450002
电话：（0371）65737028　65788613
网址：www.hnstp.cn
邮箱：hnstpnys@126.com
策划编辑：陈　艳　杨秀芳
责任编辑：陈　艳
责任校对：吴华亭
整体设计：张　伟
责任印制：张艳芳
印　　刷：河南瑞之光印刷股份有限公司
经　　销：全国新华书店
开　　本：720 mm × 1020 mm　1/16　印张：19.5　字数：420千字
版　　次：2018年7月第1版　2018年7月第1次印刷
定　　价：258 .00元

编写领导小组

组　长：涂在斌

副组长：陆玉亮　张智安

成　员：阮守宇　普有亮　白荣华　普志强　陆福高　王山元

编写委员会

主　编：李　虎　何疆海　刘星月　朱正明

副主编：王建赟　孙子强　白黎虹

编　委（以姓氏拼音为序）：

白然思　白晓拴　彩万志　曹亮明　陈　卓　范蔚文　韩辉林

李诚朴　李书发　李廷景　刘志琦　龙山鲁　王心丽　杨　定

杨文保　张巍巍　赵　萍　周鲁们　诸立新

序

如果说云南是我国生物多样性的宝库，那么黄连山自然保护区就是宝库中的一颗明珠。该保护区得天独厚的地理位置孕育了其独特的生物多样性，一些特有与珍稀物种就生活在这片神秘的热土中。

昆虫是自然界的重要组成部分，不论是在物种的生物量还是在多样性方面都首屈一指。从古至今，人类与昆虫之间形成了千丝万缕的联系；对人类历史影响深重的蝗灾、享誉海外的丝绸、甜美的蜂蜜、独特的虫茶、传病扰人的蚊蝇、危害建筑与堤坝的白蚁等，昆虫无不与我们的衣食住行等物质生活息息相关，无不与我们的精神生活密切相连。

近年来，黄连山国家级自然保护区与中国农业大学昆虫学系针对黄连山国家级自然保护区昆虫多样性研究开展了紧密的合作。双方发挥所长、通力合作，组织人员对保护区主要区域进行了昆虫物种本底资源调查，发现了一批新属种与中国新记录单元，如柱角水虻属 *Beris* Latreille 中国已知 22 种，其中黄连山柱角水虻 *Beris huanglianshana* Li, Zhang et Yang 与凹缘柱角水虻 *Beris concava* Li, Zhang et Yang 首次发现于黄连山国家级自然保护区。更重要的是这些新单元中还包括一些具有重要进化意义的类群，如蚊猎蝽亚科 Emesinae 是一个特殊的亚科，大多数种类细小如蚊，目前全世界已知近 100 属 900 种，只有 2 属 2 种具有单眼，一种为 1949 年命名的分布于澳大利亚的独阿蚊猎蝽 *Armstrongocoris singularis* Wygodzinsky，另一种就是我们在黄连山自然保护区发现的中华眼蚊猎蝽 *Ocelliemesina sinica* Wang, Wang, Cao et Cai，后者的发现为研究蚊猎蝽的进化与系统发育提供了宝贵的线索。这些科学发现不仅彰显了黄连山自然保护区的重要性，而且也弥补了该保护区关于昆虫研究方面的欠缺。这种双赢的合作模式值得推广，一方面为科研机构和人员提供了科研材料，推动了昆虫分类学研究的发展；另一方面，保护区内生物多样性本底资源得到了完善，促进了相关保护工作的开展。

近年来，随着科技的进步，人类在改造自然、利用自然的同时，对生物多样性的影响也逐渐加大。曾有人估计，由于人类影响的加剧，动物栖息地大量丧失，大量生物濒临灭绝；

工业社会以前，鸟类平均每 300 年灭绝一种，兽类平均每 8 000 年灭绝一种，但工业社会以来，灭绝的速度超出自然灭绝率的 1 000 倍，全世界 1/8 的植物、1/4 的哺乳动物、1/9 的鸟类、1/5 的爬行动物、1/4 的两栖动物、1/3 的鱼类及大量的昆虫都濒临灭绝；几乎平均每小时有 3 个物种在地球上永远消失。这些估计数字的确令我们触目惊心！国家成立自然保护区的目的之一就是要保护生物多样性，但要科学地保护这些生物，我们必须对其多样性有清楚的认识。《黄连山常见昆虫生态图鉴》的出版为我们了解该保护区丰富的昆虫多样性打开了一扇窗户，为今后深入开展该保护区昆虫多样性的管理提供了必要的科学资料。我衷心希望此书的出版能够激发更多人关注黄连山国家级自然保护区，关注该保护区昆虫多样性的研究与保育，使黄连山国家级自然保护区这颗南疆明珠更加熠熠生辉。

彩万志
中国农业大学教授

前　言

黄连山国家级自然保护区地处云南省红河哈尼族彝族自治州绿春县中南部，位于东经102° 03′33.5″ ～ 102° 36′59″，北纬 22° 30′18.9″ ～ 22° 55′35.7″，海拔最高 2 637 米，最低320 米；与越南勐艺国家级自然保护区及老挝丰沙里国家级自然保护区相邻，是三国交界“绿色大三角”的重要组成部分，是动植物物种资源的宝库。

黄连山是 2003 年经国务院批准建立的国家级自然保护区，目前总面积为 61 860 公顷，核心区面积占 38.4%，森林覆盖率达 84.3%。保护区内和周边涉及 8 个乡镇 28 个村委会约 4.8 万人，占全县人口的 20%，居住着哈尼族、彝族、拉祜族、瑶族、傣族等少数民族，是农、林、牧交叉混合的自然保护区。如何保护与开发利用自然资源一直是当地的重要问题，而查明与评估保护区内生物多样性状况，能够为生物多样性保护管理以及决策制定提供数据支撑，是推动绿春县乃至红河州经济社会持续健康发展的重要保障。

黄连山国家级自然保护区属哀牢山的南延支脉，处在同纬度西双版纳热带雨林向亚热带过渡的交错地段，植被区系起源古老，是研究古热带植物区系和东亚植物区系的关键地区。保护区拥有多样的森林生态系统，如热带季雨林、山地雨林、季风常绿阔叶林及山地苔藓常绿阔叶林等；植被类型与植物种类丰富，已知植物 240 余科近 3 000 种，有绿春苏铁、东京龙脑香、多毛坡垒、长蕊木兰、伯乐、喜马拉雅红豆杉等 152 种国家或省级重点保护植物，其中国家一级保护植物 4 种，国家二级保护植物 124 种。

动物区系组成以东洋界华南区的东南亚热带动物区系为主，间有亚洲热带—华南—喜马拉雅动物区系的特色，是一个南北交汇和渗透的地带，是我国西南部中南半岛生物区系的典型代表。另外，黄连山的水系属于红河的另一重要支系——黑水江，具有许多特有的鱼类和两栖爬行动物。已知脊椎动物 451 种，有黑冠长臂猿、白颊长臂猿、印支虎、马来熊、灰叶猴、蜂猴等 74 种国家重点保护动物，其中国家一级保护动物 15 种，二级保护动物 59 种。

昆虫纲是动物界中最为繁盛的类群，估计物种数量可达 1 000 万种，约占全球生物多样性的一半，目前已被命名的昆虫超过 100 万种，占已知动物种类的 2/3。无论从种数还是生物量而言，昆虫在动物区系和生物多样性中都起着十分重要的作用，对昆虫多样性的保护尤为重要。黄连山国家级自然保护区对昆虫的研究基础较薄弱，缺乏系统的昆虫资源调查，保护区文献资料中记载分布的昆虫仅有4目24科，不足百种。为了弥补这一不足，黄连山国家级自然保护区管护局与中国农业大学昆虫学系合作，于2010~2018年间多次组织人员对保护区主要区域进行了昆虫本底资源调查，拍摄了大量的昆虫生态照片，并对其进行了初步的整理和鉴定。现将初步鉴定的21目176科近500种昆虫生态照片编制成册，以便保护区的基层工作人员识别常见的昆虫种类，也可以让更多的人了解保护区的昆虫资源状况。

本书的编写工作得到环保部生物多样性保护专项——“生物多样性调查与评估试点项目”（项目编号2016HB2096001006）的部分资助。同时感谢杨星科、梁爱萍、王应伦、虞国跃、魏琮、吴捷、刘宪伟、周善义、张东、葛斯琴、白明、李竹、林美英、姚刚、李卫海、袁峰、刘浩宇、聂瑞娥、宋志顺、边迅、杨玉霞、王兴民、陈晓胜、黄灏、吴超、史洪亮、刘晔、杨干燕、万霞、邱见玥、张加勇、王宗庆、吕林、赵嫕盛、徐晗、张杰、梁飞扬、吕亚楠、唐楚飞、李轩昆、李文亮、张晓、张婷婷、康泽辉、席玉强、史丽、侯鹏、王志良、叶瑱、李涛、陈付强、计云、李彦、刘启飞、党利红、黄正中、常凌小、毛本勇、苑彩霞、潘昭、朱翔、吴云飞、罗心宇等同行，以及保护区相关工作人员的帮助；生态照片由王建赟、刘航瑞、陈尽、刘盈祺、马晓锋、李虎拍摄。

由于时间仓促，加之编者水平所限，本书不足之处，敬请读者批评指正和提出宝贵建议。

编者

2018年4月

目　录

一、石蛃目
Archaeognatha

石蛃目昆虫因具有原始的上颚而得名，俗称为石蛃，简称蛃。旧的分类体系把石蛃和衣鱼合为缨尾目，现已独立为石蛃目。目前我国已知的石蛃种类均属于石蛃科，有20余种。

体小到中型，被鳞片，无翅。复眼大，两复眼在内面接触。触角长，丝状。上颚单关节式，与头壳只有1个关节点。口器咀嚼式。腹部2～9节有成对的刺突。尾须长、多节，有长的中尾丝。

表变态。幼虫和成虫在形状和习性方面非常类似，主要区别在于大小和性成熟度。生活于草原或林区的落叶间、树皮下、枯木中以及石头裂缝等环境中。活泼、善跳。主要取食藻类、地衣、苔藓、植物碎屑，甚至昆虫的腐尸。

石蛃大多夜行，但有些光角蛃则在白天活动。它们在全世界广泛分布，有些甚至生活在北极和海岸边。

图示昆虫为石蛃科 Machilidae 新蛃 Petrobiinae sp.。

二、蜉蝣目

Ephemeroptera

蜉蝣是一类原始而美丽的昆虫，起源于石炭纪，距今至少已有2亿年的历史，是最原始的有翅昆虫。主要分布在热带至温带，我国已知约360种。

蜉蝣体形细长，体壁柔软。复眼发达，单眼3个。触角短，刚毛状。口器咀嚼式，但上、下颚退化，没有咀嚼能力。翅膜质，翅脉网状。前翅很大，三角形。后翅退化，明显小于前翅。翅脉原始，休息时翅竖立在背后面。雄虫前足延长，用于在飞行中抓住雌虫，以利于交配。腹部末端两侧着生1对长的丝状尾须，一些种类还有1根长的中尾丝。

蜉蝣成虫常在溪流、滩湖附近活动。根据其对水域的适应与要求，可用于检测水域的类型和污染程度。一生经历卵、稚虫、亚成虫和成虫4个时期；蜉蝣变为亚成虫后还要蜕皮成为成虫，而亚成虫形似成虫，但体表、翅、足具微毛，色暗，翅不透明或半透明，前足和尾须短，不如成虫活跃，这种特殊的发育过程被称为“原变态”。

蜉蝣生活在各种各样的淡水栖息地，滤食水中藻类及颗粒食物，或是捕食水生无脊椎动物。水生的稚虫要在数星期至1年，或更长的时间内经历10～50次的蜕皮才能进入亚成虫阶段，随后经过蜕皮，变为成虫。亚成虫及成虫不饮不食，寿命极短，只能存活数小时，多则几天，它们几乎将所有的精力都用于交配，故有“朝生暮死”之说。

蜉 *Ephemera* sp.

蜉蝣科 Ephemeridae

体长 11~25 毫米。翅长 10~15 毫米，具暗黑色斑点。雄虫前足略长于体长。复眼圆形，突出，尾铗显著。雌虫前足短于体长，复眼小而紧缩。雄、雌尾须均为 3 根，中尾须和尾须等长，雄成虫尾须约为体长的 2 倍，雄亚成虫和雌成虫的尾须接近体长。

习性：成虫生活于低海拔山区溪流周围，有趋光性。稚虫穴居于泥质的静水底部，滤食水中植物及动物碎屑。

四节蜉 *Baetis* sp.

四节蜉科 Baetidae

体小型。头部、胸部和腹部末端褐色，雄虫腹部第 2~6 节通常透明，白色或淡褐色。雌虫腹部常为淡褐色或红褐色。复眼很大，高出头顶很多。触角细丝状。前足长于中、后足。前翅薄而透明。后翅退化，很小，前缘突尖锐或无，有 1~3 条纵脉。有 2 条尾丝。

习性：稚虫生活于各种清澈水体中。稚虫从水中爬出羽化为成虫，成虫生活于水体周围植物中，成虫寿命较短。

扁蜉

扁蜉科 Heptageniidae

体长 8~16 毫米。成虫大体呈褐色，腹部各节后缘黑色。头部具椭圆形复眼，复眼向头侧后方斜伸出，超过头后缘。头部前额缘伸向腹面，具“V”形中凹，触角丝状。前翅长 10~16 毫米。前足长于体长，第 1 跗节短于第 2 跗节。后足跗节短于后足胫节。尾丝远长于体长。

习性：稚虫生活于湖泊和大型河流的近岸缓流处的底质下，如石块、枯枝落叶等的下表面，避光。稚虫从水中爬出羽化为成虫。成虫寿命较短，交配产卵后死亡。

细裳蜉

细裳蜉科 Leptophlebiidae

体长 10 毫米以下，雄成虫体色呈深黄褐色。前翅透明、光亮，前缘具有褐色至深褐色斑，纵脉和多数横脉褐色。后翅无前缘突。前足跗节黑白相间，爪不相同，一尖一钝。腹部第 10 腹板分裂成两块。尾铗 3 节，基节最长。中尾丝和尾须等长或稍长。

习性：稚虫身体柔软，游泳能力不强，一般生活于急流的底质中或石块表面，静水中也有。成虫生活在水边的植物丛中。

三、蜻蜓目

Odonata

蜻蜓目在昆虫纲中是比较原始的类群，我国有780余种，包括蜻蜓类的差翅亚目和豆娘类的均翅亚目，日本和印度发现的蟌蜓被划为间翅亚目。

蜻蜓目是中至大型昆虫，细长，体壁坚硬，色彩艳丽。头大且可灵活转动，触角刚毛状，咀嚼式口器。前胸小，中、后胸合并成强大的翅胸。翅2对，狭长，膜质透明，前、后翅近等长。翅脉网状，有翅痣和翅结，休息时平伸或直立，不能折叠于背上。腹部长而纤细，雄虫交配器位于腹部第2、3节腹板上。

不完全变态。一生经历卵、稚虫和成虫3个时期。成虫多在池塘上方盘旋，或沿小溪往返飞行，通常在飞行中进行交配。有的种类贴近水面飞行，用尾点水，将卵产到水里，或产于水生植物体内。

许多蜻蜓一年1代，有的种类要经过3～5年才完成1代。稚虫靠吃水中小动物长大，利用直肠鳃或尾鳃呼吸。它们有的栖在水底，有的附着在水体上层的水草上，后者能以孑孓为食。成虫在飞行中捕捉大小适宜的昆虫为食。蜻蜓多在开阔地的上空飞翔，黄昏时出来捕食蚊类、小型蛾类、叶蝉等，是重要的益虫。

赤褐灰蜻 *Orthetrum pruinosum* (Burmeister)　蜻科 Libellulidae

体型大，成虫腹部长约 30 毫米，后翅长约 40 毫米。雄虫头胸黑褐色。腹部洋红色，略显紫色。翅基部有小黑斑。雌虫全身黄褐色，腹侧缘具黑斑，翅基部金黄色。

习性：稚虫生活在水中，捕食其他水生小昆虫或鱼苗、鱼卵。稚虫爬出水面羽化。成虫飞行能力强，捕捉各种飞行中的小昆虫，常停歇于山区水流边或路边。

鼎异色灰蜻 *Orthetrum triangulare* (Sélys)　蜻科 Libellulidae

体型大，成虫腹部长约 30 毫米，后翅长约 30 毫米。雄虫头、胸黑色，腹部第 2~6 节和第 7 节前半段蓝灰色或灰白色，末节黑色。雌虫黄褐色，胸部侧面有 2 条宽黑纹，腹部有淡褐斑。

习性：稚虫在各种水体中生活，一般小于自己体型的动物都能捕捉，偶尔可捕捉大于自身的猎物。稚虫爬出水面羽化为成虫，成虫飞行敏捷，常停歇于山区水边或路边。

黑尾灰蜻 *Orthetrum glaucum* (Brauer) 蜻科 Libellulidae

体型大，成虫腹长约45毫米，后翅长约40毫米。雄虫胸部黑色至灰蓝色，翅透明，翅基部有少量褐斑，腹背蓝灰色，末端黑色。雌虫胸部金黄色，侧面具淡褐色至黑褐色条纹。未成熟雄虫胸部黑色，侧面具2条米黄色斜纹，腹背大部分蓝灰色。老熟雄虫几乎全身具蓝灰色粉末，仅腹末端黑色。

习性：稚虫生活在水中。成虫捕捉各种飞行中的小昆虫，生活于平地至低海拔山区，常见于路边溪流、沟渠等环境。

六斑曲缘蜻 *Palpopleura sexmaculata* (Fabricius) 蜻科 Libellulidae

体中到大型，雄性腹长不到20毫米，后翅长约20毫米。体较粗壮。整体黄色为主，有黑色斑纹。胸部黄色，有较浓密的黄毛。翅黄色，透明，翅痣白色。足股节前侧、胫节内侧及跗节内侧为黑色，其余全为黄色。足上具褐色刺。腹部黑色或黄褐色。

习性：稚虫生活在水中，捕食其他水生小型动物。成虫常在水边飞行，捕食空中小昆虫，常停息在水边植物茎秆上。

黄蜻 *Pantala flavescens* (Fabricius)　蜻科 Libellulidae

体型大，成虫腹长略超过 30 毫米，后翅长略超过 40 毫米。雌虫复眼上部显红褐色，下部显青白色。合胸大部分黄色，具黑细纹。腹部黄色，具黑色斑纹。老熟雄虫额顶和腹背有赤化倾向。

习性：稚虫生活在水中，捕食小鱼和水中小动物。成虫于飞行中捕捉各种小昆虫，常在树林、草丛及水边环境活动。

杯斑小蟌 *Agriocnemis femina* (Bauer)　蟌科 Coenagrionidae

体中型，成虫腹长不到 20 毫米，后翅长约 10 毫米。腹部末端超出翅膀很多。雄虫胸部背面前方黑色，具草绿色条纹；侧面草绿色；腹部背面黑色，末节橙色。老熟个体胸部背面前方和腹部末节均具白色粉末。雌虫胸部背面前方黑色，具水蓝色条斑。腹部背面黑色。

习性：稚虫生活在水中。成虫栖息于水塘、池沼等周围的植被中，寿命较短。

天蓝黄蟌 *Ceriagrion azureum* (Sélys)　　蟌科 Coenagrionidae

体中到大型。体以天蓝色为主，腹部末端黑色，具金属光泽。足、翅浅褐色。头较短宽，复眼位于头两侧，球形。胸部较长。翅透明，翅痣褐色，翅脉细。腹部细长，超出翅后缘很多。

习性：稚虫生活在各种水体中，捕食小型动物。成虫常见于羽化地附近的植被中，捕食空中飞行的昆虫。

赤斑异痣蟌 *Ischnura rufostigma* Sélys　　蟌科 Coenagrionidae

体中到大型，成虫腹长约 25 毫米，后翅长约 15 毫米。体细长。头横宽；复眼大，圆形，突出在头两侧。翅细长，透明，翅脉细。足黑色。雌虫胸部黄绿色，具黑纹，腹部橙红色，第 7 节末端、第 8~10 节黑色，第 9 节背面有一块明亮的蓝斑。

习性：稚虫生活在水中，捕食小型动物；爬出水面羽化为成虫。成虫多在羽化地附近的水边植被上活动。

细色蟌 *Vestalis* sp.

色蟌科 Calopterygidae

体大型，成虫腹长约 40 毫米。翅稍短于腹部长度。体色主要为绿色，有金属光泽。胸部腹面黄色。足黑色，足上有密集的齿。翅宽大，透明，无翅痣；翅脉密集，浅褐色。腹末腹面黄色。

习性：稚虫生活在溪流等水体中，捕食其他小动物。成虫多栖息于山区溪流环境中，捕食飞行的小昆虫。

黄脊圣鼻蟌 *Aristocypha fenestrella* (Rambur)

鼻蟌科 Chlorocyphidae

体中到大型，成虫腹长约 20 毫米，后翅长约 25 毫米。雄虫胸部黑色，背面前方有 1 个狭长的三角形蓝紫斑，侧面下方有黄色细纹。从翅柄附近至翅端呈黑褐色，并有数个不规则的紫色耀斑，翅痣有紫色闪光。腹部黑色。

习性：稚虫生活在洁净的溪水中，捕食其他小动物。成虫栖息于山区洁净的溪流附近。寿命较短，往往交配产卵后即死亡。

黄翅溪蟌 *Euphaea ochracea* Sélys　　溪蟌科 Euphaeidae

体型中等，细长。雄虫头部下唇、上唇、唇基和颊黑色，有光泽。胸部黑色，前胸中叶两侧各具 1 个黄色斑，后叶后缘黄色；两侧分别有 7 条红黄色条纹。足黑色。前翅基半部黄色，端半部透明。后翅基部到翅痣之间黄色，端部透明。腹部第 1~5 节黄褐色，第 6~10 节黑色。

习性：稚虫生活在水中，捕食小动物。成虫生活在山区溪流附近，捕食飞行中的小昆虫。

黄脊长腹扇蟌 *Coeliccia chromothorax* (Sélys)　　扇蟌科 Platycnemididae

体大型，成虫腹长约 45 毫米，后翅长约 30 毫米。头部黑色；复眼大，球形，位于头的两侧。雄虫胸部黑色，背面前方几乎被很宽的鲜黄色条纹覆盖，侧面具两块较大的鲜黄色斑。翅透明，翅脉黑色，翅痣黑褐色。腹部细长，以黑色为主。

习性：稚虫生活在山区溪水中，捕食鱼苗等小动物。稚虫爬出水面羽化为成虫，成虫生活于山区溪流周围。

四、襀翅目

Plecoptera

襀翅目是一类古老的原始昆虫，最早出现于2.5亿年前的二叠纪，成虫因常栖息在山溪的石面上而有“石蝇”之称。我国已知约500种。

体中小型，细长、柔软。复眼发达，单眼3个。触角长丝状，至少等于体长之半。口器咀嚼式，上颚正常或痕迹状。前胸大，方形。翅膜质，前翅狭长，后翅臀区发达，翅脉多，变化大，中肘脉间多横脉，休息时翅平折在虫体背面。跗节3节；尾须长，丝状。雌虫无产卵器。

半变态。卵球形或方形，有的卵表面有丝状物，卵产于水中。每头雌虫一生产卵数百甚至5 000～6 000粒。稚虫水生，形态类似成虫，跗节也是3节，尾须长，无中尾丝，有气管鳃。喜欢生活在山区溪流、寒冷的湖泊和水塘中。稚虫捕食蜉蝣稚虫、摇蚊和蚋的幼虫或其他水生小动物，有些取食水中的植物碎屑、腐败有机物、藻类和苔藓。成虫多不取食，少数种类可危害农作物和果树。

由于石蝇稚虫依赖凉爽、氧气充足的水体来完成发育，所以这类昆虫对水体污染非常敏感，可用于监测水资源的污染状况。

钩蜻 *Kamimuria* sp.　　蜻科 Perlidae

体型中等。头黄色，复眼、单眼黑褐色，下颚须、下唇须浅褐色。触角细长，丝状。后单眼明显大于前单眼。前胸、背板褐色，前角尖，后角钝圆。中、后胸背板深褐色。足黑褐色。翅褐色，半透明。

习性：稚虫生活于清澈溪流中的石头上，捕食性。成虫飞行能力弱，活动范围较小，常栖息于水流附近的植物上。

卡氏新蜻 *Neoperla cavaleriei* Navás　　蜻科 Perlidae

体型中等偏小，较扁平，柔弱。头黄褐色。头顶单眼区有近三角形的褐色斑。触角丝状。前胸背板浅褐色，前缘颜色较深；近梯形，前角尖，后角钝圆，中央有纵沟。中、后胸背板褐色。足颜色与身体一致。翅半透明，翅脉浅褐色。腹末有 2 根尾丝。

习性：稚虫常见于水质优良的溪流中。成虫活动能力不强，一般在羽化地周围的植物上栖息，夜间会被灯光吸引。

五、革翅目

Dermaptera

革翅目以其前翅革质而得名，中文俗称蠼螋或蝠螋，简称螋。中国已知210余种。多分布于热带、亚热带地区，温带较少。

体中型，狭长，略扁平，表皮坚韧，褐色或黑色。头前口式，能活动。触角丝状，无单眼，口器咀嚼式。前胸背板发达，方形或长方形。有翅或无翅，有翅的种类前翅革质，短小，无脉纹；后翅大，膜质，扇形或半圆形，脉纹辐射状，休息时折叠于前翅下。跗节3节。腹部长，有8～10个外露体节，可以自由弯曲。尾须不分节，钳状，称为尾铗。无产卵器。

渐变态。卵呈卵圆形，若虫与成虫相似，但触角节数较少，只有翅芽，尾铗较简单。若虫4～5龄。有翅成虫多数飞翔能力较弱。雌虫产卵于土壤中，少数产于树皮下。

多为夜出型，日间栖于黑暗潮湿处，如树皮下、叶片间、草丛、朽木或石块下。少数种类有趋光性。大多数种类杂食性，取食动物尸体或腐烂植物；也有的种类取食花瓣、嫩叶、果实等植物组织；有些种类营寄生生活，寄生在蝙蝠或鼠类体外。雌雄二型差异显著，雄虫尾铗大且形状复杂。尾铗用于捕食、防卫或交尾时起抱握作用，有时也用于清洁身体或折叠后翅。

双斑异螋 *Allodahlia ahrimanes* (Burr)　球螋科 Forficulidae

体型中等。体以黑色为主，头部、各足股节基半部暗红色。头与前胸背板大小近似。复眼圆形。前胸背板矩形，前半部隆起明显，后缘稍微覆盖前翅基部。前翅基部两侧红褐色，略呈弧形扩展。后翅露出前翅，翅柄中部有1个黄色大斑。腹部椭圆形，第4节背面两侧有1个明显的大瘤突。尾铗长，末端尖，向内侧弯曲。足较长。

习性：雌成虫有护卵习性。成虫和若虫都生活在隐蔽的环境中。喜欢夜间外出活动。

娇柔慈螋 *Eparchus tenellus* (De Haan)　球螋科 Forficulidae

体型中等。体以黑色为主，足和尾铗颜色浅。前后翅侧面黄褐色。头较大。前胸背板较小。触角细长，中部一节的基半部颜色淡。鞘翅两侧近平行。腹部纺锤形，第3、4节背面两侧各有1个瘤突。雄虫尾铗细长，弧形内弯，内缘具齿。雌虫尾铗简单。足细长，跗节较长。

习性：成虫夜间有趋光性。雌虫产卵后会看护卵直至孵化，并会照顾低龄若虫，为其觅食。

瘤慈螋 *Eparchus tuberculata* (Borelli) 球螋科 Forficulidae

体型中等。体色几乎全黑，触角中部有淡色节，后翅露出前翅的部位有红色点斑，后翅翅柄中间合为1个黄色小斑。头大于前胸背板，前胸背板方形，鞘翅肩部超出前胸较多，腹部两侧弧形扩展明显。尾铗圆柱状，端部尖，钩状内弯。

习性：白天在阴暗潮湿的缝隙中藏身，夜间外出觅食。有趋光性。成虫有看护卵和若虫的习性。

垂缘螋 *Eudohrnia metallica* (Dohrn) 球螋科 Forficulidae

体长12~19毫米，尾铗长6~17毫米。体表具金属光泽，暗褐色，微有绿色。头部宽大。复眼突出。触角较粗。前胸背板矩形。前翅发达，长约为前胸背板的2倍，背面密布网状深刻点。后翅内侧端角尖。腹部长，遍布刻点和皱纹。尾铗细长，中部之前三棱形，后部圆柱形，顶端尖，向内侧弯，两支常交叉；内缘具小刺突，中部1个较大。

习性：成虫生活在林间，白天躲在隐蔽处，夜间活动觅食。

球螋 *Forficula* sp.

球螋科 Forficulidae

体型较小。体以褐色为主，足和翅偏黄色。身体稍扁平。头部光滑，圆隆，头缝明显。触角近圆柱形。前胸背板近方形，后缘弧形。前翅较宽，表面光滑；后翅稍突出。腹部略扁，中部较宽，两侧弧形，第 3、4 节背面两侧各有 1 个瘤突。雄虫尾铗基部较宽，长短不一，顶端尖，向内侧弯。雌虫尾铗简单，向后平伸，两支内缘接近。足短粗。

习性：成虫生活在石缝、树皮下等隐蔽潮湿处。夜间外出活动，有趋光性。

乔球螋 *Timomenus oannes* (Burr)

球螋科 Forficulidae

体型中等偏小，狭长。体以红褐色或黑色为主。前、后翅折叠在背部时，可见的部分红褐色。各足跗节，包括胫节的末端红褐色。身体其余部位黑色或黑褐色。触角细长。前胸背板方形。前翅肩部弧形，两侧平行，后缘稍向内凹。腹部第 3、4 节背面两侧各有 1 个瘤突，第 5~7 节背面两侧各有 1 个刺突。尾铗细长，圆柱形，后部向外弧弯，顶端尖，向内侧弯。

习性：成虫和若虫都喜生活在阴暗潮湿的缝隙中，多夜间活动。有趋光性。

车垫跗螋 *Hamaxas feae* Bormans

垫跗螋科 Chelisochidae

体长 7~9 毫米。体窄小。头部、胸部暗黑色，腹部和尾铗红褐色，足黄褐色。头部扁宽，两侧向后收缩，头顶有两个小坑。复眼小。触角 16~19 节，基节大，第 2 节短小。前胸背板中央沟明显。腹部遍布小刻点和绒毛。雄虫尾铗稍呈弧形，扁平，顶端向内弯曲，内缘基部和中部各有 1 个齿突。

习性：生活在石头、土块、树皮等各种隐蔽的缝隙中。喜欢夜间外出觅食。

刀丝尾螋 *Diplatys dolens* Hincks

丝尾螋科 Diplatyidae

体长 9~12 毫米。触角基部、前胸背板后缘、中后足胫节、各足跗节、尾铗黄褐色，股节中部大部分褐色，后翅露出部分以黄褐色为主，身体其余部分黑色。额部圆隆，眼后脊明显。雌虫复眼稍小。前胸背板后缘的淡色边微向上翘。前翅肩部隆脊明显，后缘呈斜弧形。腹部圆柱形，雄虫腹末圆隆。尾铗小，内缘呈小锯齿状。后足明显长于前、中足。

习性：生活在潮湿隐蔽处，夜间活动，有趋光性。杂食性。雌成虫有护卵习性。

云南丝尾螋 *Diplatys yunnaneus* Bey-Bienko

丝尾螋科 Diplatyidae

体型中等。体以黑色为主，触角基部几节、前胸背板后缘、后翅翅柄两侧、各足股节两端、跗节黄白色。头大于前胸背板，后缘略凹，额稍隆起。雄虫复眼较雌虫大。触角细长。前胸背板长于宽，后缘弧形。小盾片三角形。前翅长，两侧平行。腹部狭长。雄虫尾铗较宽大，扁平，向后伸，内缘中部弧形，具小齿。雌虫尾铗简单，两支向后直伸。

习性：雌虫有护卵习性。白天在潮湿隐蔽处蛰伏，夜间多外出觅食。杂食性。

相单突丝尾螋 *Haplodiplatys similis* Bey-Bienko

丝尾螋科 Diplatyidae

体长约 12 毫米。身体几乎全为黄褐色。复眼黑色。体表有绒毛质感。头宽于前胸背板。触角细长，18 节。前胸背板长大于宽，侧缘直，后缘弧形。前翅狭长，颜色稍浅，两侧平行，后缘弧形。腹部细长，雄虫圆柱形，中部较细；雌虫宽大，稍扁，中部宽。尾铗稍平，向后直伸，基部宽，外缘向后逐渐变细，内缘直，顶端稍尖。足较细长，股节较粗。

习性：雌成虫有护卵习性。成虫多夜间外出活动觅食，杂食性。

异姬苔螋 *Paralabella* sp.

苔螋科 Spongiphoridae

体型中等。体以黑色为主。足黄褐色，前胸背板侧缘扩展部分黄褐色，触角褐色，腹部中后部背板后缘褐色，尾铗褐色。头部后外角圆弧形，额部圆隆，复眼小。前胸背板前部隆起。后翅露出前翅较少。雌虫腹部两侧明显向外弧形扩展。尾铗长短不一，雌虫尾铗简单，内缘在基部接近。足短粗，股节较宽。跗节细长，与胫节几乎等长。

习性：雌成虫有护卵行为，幼虫低龄阶段在巢附近由雌虫看护，成虫夜间活动较多。

盔螋 *Cranopygia* sp.

大尾螋科 Pygidicranidae

体型中等稍大，较扁平。头、前胸背板和前后翅具浅色花斑，足浅黄色。复眼大而突出。触角细长，基节长而粗。前胸背板方形。小盾片宽大，外露，短三角形。前、后翅发达。腹部末端两侧向外扩展，腹末节背板大。尾铗扁，两支基部接近。足短粗。

习性：成虫和若虫都生活在缝隙等类似的环境里，成虫夜间外出觅食，食性较杂。夜间有趋光性。

六、蜚蠊目

Blattodea

蜚蠊目昆虫又被称为蟑螂，是昆虫家族中最古老的生物之一，中国已知420余种。

蟑螂的大小因种类不同而不同，小的仅有2毫米，大的可达100毫米。体阔而扁平，近圆形。前胸背板大，盖住头的大部分。触角长丝状。复眼发达，单眼退化。口器咀嚼式。在翅发达的种类中，两对翅均有许多横脉，前翅为覆翅，革质、狭长，后翅膜质、臀区大。许多种类仅有翅芽状短翅或完全无翅。足步行式，3对足相似，爬行迅速，跗节5节。腹部10节，有1对多节的尾须。

渐变态。卵产于卵鞘中。卵期约1个月，若虫形似成虫。若虫期6～12龄。每年2～3代或1～5年1代。卵、若虫、成虫均能越冬。在南方和温暖的室内无冬眠现象，成虫寿命较长。蟑螂适应性强，活动范围广，在有水和食物的地方都能生存。野外种喜潮湿，见于土中、石下、枯枝落叶中、树皮下等处，取食死植物，咬树皮或木材。室内种色泽较暗，不善飞行，常夜间活动，白天隐匿在缝隙或阴暗处，食性杂，尤偏好糖和淀粉物质，在取食及其活动中污染食物，传播病菌和寄生虫，是重要的卫生害虫，同时还咬坏大量商品及其包装，造成重大经济损失。

拟歪尾蠊 *Episymploce* sp.　姬蠊科 Blattellidae

体型中等。全身浅褐色，前胸背板和前翅半透明。头伸出前胸背板，复眼肾形；触角丝状，约等于体长。前胸背板半圆形，透明。前翅两侧超出身体许多，末端略微超出腹末。足胫节具多列刺。

习性：成虫与若虫的生活环境、食性和行为类似。常群集于草丛、灌木丛间的落叶、杂草堆内。杂食性。

黄缘拟截尾蠊 *Hemithyrsocera vittata* (Brunner von Wattenwyl)　姬蠊科 Blattellidae

体长约 11 毫米。头顶黑色，上唇基端略呈棕色。触角黑色。前胸背板周缘具较宽的黄色带，中部黑色。前翅黑褐色，前缘域橘黄色，基部窄，向端部渐宽，中部之后渐窄。足黑色，基节外缘乳白色，股节与基节连接处淡黄色。尾须基半部黑色，端半部乳黄色。

习性：喜欢在阔叶杂草上活动，食性较杂。成虫夜间有趋光性。

玛蠊 *Margattea* sp.　　姬蠊科 Blattellidae

体型偏小。体以黄褐色为主，前胸背板有黑斑。复眼黑色。触角丝状，细长。前胸背板和前翅透明，可看到其下覆盖部位的结构。前胸背板中部具褐色纹路。前翅宽大，两侧超出身体较多。腹部第 8 背板特化，有一簇毛。

习性：杂食性。成虫和若虫都喜欢生活在潮湿温暖、富含腐殖质的环境中。行动敏捷。

丘蠊 *Sorineuchora* sp.　　姬蠊科 Blattellidae

体型中等，浅绿色。头部约有一半隐于前胸背板下。复眼发达，肾形。触角浅褐色，丝状。前胸背板椭圆形，透明。前翅宽大透明，向两侧扩展许多，几乎将足全部盖住，翅末端超出腹末。足浅绿色，胫节具刺。

习性：杂食性。成虫常发现于绿色植物丛间或高大树木叶片上。行动敏捷，夜晚有趋光性。

丘蠊 *Sorineuchora* sp. 姬蠊科 Blattellidae

体型中等偏小。全身黑色，体表密布白色斑点。头不全隐于前胸背板下。复眼肾形。触角丝状，末端和基部几节黑色，其余浅褐色。前胸背板梯形，两侧扩展部分半透明，中央具黑色肾形斑和白色条纹。

习性：杂食性。栖息于植物丛中，行动敏捷，白天活动，夜晚有趋光性。

脐真鳖蠊 *Eucorydia hilaris* (Kirby) 地鳖蠊科 Corydiidae

体型中等，卵圆形，扁平。体表有金属光泽，密被细短毛。头较小，隐藏于前胸背板下。复眼发达，肾形。触角丝状。前胸背板中央稍凸出。身体背面从前翅中间位置分为前、后两色，前半黑色，后半橙色。足胫节多刺。

习性：通常栖居于朽木和树洞腐殖质内。脐真鳖蠊是十分罕见的种类，我国到2017年才确认有其分布。

斑翅蠊 *Caeparia* sp.

硕蠊科 Blaberidae

体型较大。复眼棕色。单眼棕黄色或浅黄色，单眼间有 1 个宽的黑色斑。头顶具 4 条纵向黑色纹。前胸背板中部有 2 个对称的不规则黑斑，基部边缘具 4 个半圆形的黑色斑块。前翅基部有 2 个黑色大斑，中间有 1 条黑色横带。前翅基部宽，从中部开始变窄，露出腹部两侧。

习性：成虫和若虫都生活在腐木或腐殖质丰富的落叶层中。杂食性。喜荫蔽，夜间有趋光性。

木蠊 *Salganea* sp.

硕蠊科 Blaberidae

体型大。通体黑色。头露出前胸背板。触角褐色，丝状，较短。前胸背板凹凸不平，中部具“V”形凹刻。前翅油黑发亮，不透明，基部最宽。足褐色，粗壮，长满坚硬的大刺。腹部背板第 7 节侧缘通常锯齿状；后侧角特化，向后方或侧后方延伸。

习性：成虫和若虫都生活在腐朽的木头中，特别是腐木根部的树皮下，取食木屑。行动敏捷，几乎不外出活动。

七、螳螂目

Mantodea

螳螂目学名源于其举起前足时如教徒祈祷状，中文俗称为螳螂，简称螳。中国已知近170种。

体中到大型，头大，三角形，活动灵活。触角长，丝状。口器咀嚼式。前胸形状多变，前足捕捉式，基节很长，胫节可折嵌于股节的槽内，状如铡刀。中、后足为步行足。前翅为覆翅，后翅膜质，臀区大。后胸上有听器。尾须1对。

渐变态。卵包于由附腺分泌物形成的卵鞘中。卵鞘附着于树枝或其他物体上。每个卵鞘内有卵10～400粒。一般一年完成1代，卵在卵鞘中越冬。成、若虫均为捕食性，用前足捕捉其他昆虫及小动物。有自残习性，在交尾前后，雌虫常嚼食雄虫。其卵鞘可入中药，所以螳螂既是重要的天敌昆虫，又是重要的药用昆虫。多数为绿色或褐色，常有保护色，善拟态。

异跳螳 *Amantis* sp. 螳科 Mantidae

体型较小。体以褐色为主，前胸背板和前足以黑色为主。头顶较光滑。复眼卵圆形。触角细长，丝状。前胸背板短于前足基节，两侧明显扩展。前足基节具较小的刺；股节扩展明显，具 4 枚中刺，4 枚外列刺。前翅宽大，具明显的网状翅脉。

习性：成虫和若虫常在地面的落叶层上活动，体色与周围环境类似，不易被发现。捕食各种小动物。捕食时行动迅速。

广腹圆胸螳 *Rhombodera valida* Burmeister 螳科 Mantidae

体大型。体色翠绿。头三角形，复眼黑色，触角丝状。前胸背板向两侧呈明显的圆形扩展，超过头的宽度，整体呈菱形。前足粗壮，基节具刺，胫节末端的刺黑色。前翅具网状翅脉，翅两侧扩展，盖住腹部两侧。

习性：通常隐藏在树叶中，与环境融为一体，不易被发现，伺机捕食靠近的昆虫。

中华大刀螳 *Tenodera sinensis* Saussure　　螳科 Mantidae

雄虫体长约 80 毫米，雌虫比雄虫大。体淡褐色或暗黄绿色。头大，近似正三角形，宽于前胸背板。复眼椭圆形，触角丝状。前足股节腹面外列刺和中列刺各 4 枚，内列刺 15 枚，中、后足股节各有 1 枚端刺。前翅浅褐色或浅绿色，后翅近基部有黑斑纹。

习性：成虫和若虫常在灌木丛处活动，静伏不动，伺机捕食靠近的昆虫。刚孵化的若虫有自相残杀的习性。

中印枝螳 *Ambivia undata* (Fabricius)　　花螳科 Hymenopodidae

体型中等，略短粗。体灰白带黑色。头顶中央隆起略超过复眼；复眼卵圆形，单眼发达，触角较短。前胸背板较短，背面中央具较多的颗粒状突起，沟前区中部有一处圆形脊状隆起。翅膀半圆筒状盖住腹部。各足股节较短。尾须较长。

习性：成虫有趋光性。拟态树枝，常隐藏于灌木丛或树冠层中，伺机捕食其他昆虫。

褐缘原螳 *Anaxarcha limbata* Giglio-Tos　　花螳科 Hymenopodidae

体型中等。头短宽，触角丝状。复眼卵圆形，明显凸出。单眼较大。前胸背板较细，绿色，侧缘齿黑色。前翅较直，较长，中域不透明。后翅中域透明，前缘域端部褐色。尾须细长，锥状。

习性：成虫和若虫多栖息于树冠层，成虫有较强的飞行能力。捕食各种昆虫。

云南角胸螳 *Ceratomantis yunnanensis* Zhang　　花螳科 Hymenopodidae

体型较小。体以褐色为主，有黑斑纹。触角细长，头顶具明显的锥状突起，突起的顶端分叉。前胸背板具4个明显的锥状突起。前足股节扁宽。前翅半透明，具数个褐色斑点和黑色条带。

习性：常栖息于壳斗科青冈属植物叶片背面，捕食其他昆虫。平时不爱活动，捕食时行动迅速。

明端眼斑螳 *Creobroter apicalis* (Saussure)　花螳科 Hymenopodidae

体型中等偏小，相对稍纤细。全身翠绿色。复眼楔形，有棱角。前胸背板周缘颜色为半透明的浅绿色。前翅中部具 1 个眼状斑纹。前胸背板边缘齿突明显，易与其他种类区分。

习性：多隐藏在树叶中，与环境融为一体，很难被发现。平时蛰伏，伺机迅速捕食各种小动物。雌虫多将卵块产于植物茎秆上。

越南小丝螳 *Leptomantella tonkinae* Hebard　虹翅螳科 Iridopterygidae

体型中等，纤细。头部和前胸背板背面泛白色。触角细丝状，褐色。前胸背板沟前区两侧具黑带。翅透明，前翅两侧边缘有白色条带。雌性老熟后体表颜色发白。前足股节具 1~3 枚中刺。后翅透明，常有彩色光泽。

习性：成虫和若虫分布于林地环境，多栖息于小灌木上，捕食其他昆虫。

八、蝌目

Phasmatodea

该目因其体型奇特而得名，中文俗称为竹节虫、杆䗛或叶䗛。中国已记录360余种。

体大型，体长3～35厘米，体躯延长成棒状（竹节虫、杆䗛）或阔叶状（叶䗛）。头前口式，口器咀嚼式。复眼小，单眼2或3个或缺如。后胸与腹部第1节常愈合，腹部长，环节相似，尾须不分节。足跗节3～5节。前翅短，皮革质，后翅膜质，有大的臀区，有些种类无翅。

渐变态。以卵或成虫越冬。卵散产在地上。若虫形似成虫，发育缓慢，完成1个世代常需一年到一年半，蜕皮3～6次。常营孤雌生殖，雄虫常较少，未受精卵多发育为雌虫。当受伤害时，幼虫的足可以自行脱落，而且可以再生。高湿、低温、暗光可使体色变深；相反，则体色可变浅。白天与黑夜体色不同，称为节奏性体色变化。成虫多不能或不善飞翔。

生活于草丛中或林木上，以叶片为食，有典型的拟态和保护色。其中竹节虫极似树木的细枝，而叶䗛极似叶片。

污色无翅刺蝻 *Cnipsomorpha colorantis* (Chen et He) 异蝻科 Heteronemiidae

体型中等偏大。整体模拟苔藓丛的环境。雌性污黄色，身体与足有分散的不规则棕褐色斑纹，头顶至眼间具褐色“八”字纹，头至后胸背中央具浅黄色纵线，头、胸和腹部大部分被大小不均的刺突、瘤突和皱脊，体腹面多具瘤突与皱脊，头、背共有 10 枚刺。触角短粗。前后翅退化。

习性：植食性。生活在苔藓、地衣、蕨类等植物存在的环境中，伪装性极强。

双刺蔷蝻 *Asceles bispinus* Redtenbacher 笛蝻科 Diapheromeridae

体型较大。体翠绿色、褐色相间，前胸绿色为主。各足细长，褐色。前翅背部褐色，侧面绿色。头扁长，无角刺。触角细长。中胸背板略扁，有粒突。足无刺齿。前翅基部有伸向前侧方的刺状突起，后翅发达。

习性：植食性。在寄主植物上活动，平时姿态模拟树枝，不易被发现。

棉管䗛 *Sipyloidea sipylus* (Westwood)　笛䗛科 Diapheromeridae

体型较大，细长，80～110 毫米。整体为枯黄色，有紫红色斑点。头卵圆形。触角丝状，较长。前翅前缘硬化，不透明；后部半透明，椭圆形，有细密的褶皱。后翅长度超过腹部的 3/4。

习性：植食性。具有较强的伪装和拟态行为。多生活在树上，拟态枯树枝，隐蔽性强，不易被发现。

瘤胸䗛 *Trachythorax* sp.　笛䗛科 Diapheromeridae

体型较大。身体颜色如长苔藓的树皮。头顶后突起，呈球状。前胸背板有很多小的瘤突。中胸背板前端稍微收缩。足具脊，前足股节基部弯曲，各足无齿刺。腹中脊明显。前翅短，翅突隆凸；后翅较长，超过腹末。

习性：植食性。生活在林间与体色相类似的环境中，具有较强的拟态行为。

中华丽叶䗛 *Phyllium sinensis* (Liu)　叶䗛科 Phylliidae

雄虫体长约 80 毫米。体以黄褐色为主，腹部多黄绿色。各足胫节、跗节和腹部背、腹两面中央棕褐色。触角短于头长，浅棕色。前胸背板宽舌状。前翅发达，革质，阔叶形。后翅退化。前足股节两侧具发达的叶状突。腹部扁宽，近长方形。

习性：成虫和若虫都生活在林间阔叶植被上，取食栖息场所的叶片。利用独特的体形隐匿于植物间。

滇叶䗛 *Phyllium yunnanense* Liu　叶䗛科 Phylliidae

雄虫体长约 70 毫米。雌雄异型：雌虫宽大如叶片状；雄虫较狭长，犹如窄细的叶片。雄虫浅绿色，头和中后足多黄绿色，触角黄褐色。头近球形。雄虫触角较长，雌虫触角短。雄虫前胸背板舌状。前翅革质。前足股节呈长椭圆形扩展，前足胫节外侧不扩展。图示为该种若虫。

习性：植食性。生活在寄主植物上。模拟叶片，并会模仿"随风摇摆"的姿势，有极强的拟态和保护色。

九、纺足目

Embioptera

纺足目以习性活泼、行动迅速、足能吐丝结网而得名，俗称足丝蚁。多数分布在热带，少数分布在温带，在我国并不常见，仅记录8种。

体细长、扁平，长4~6毫米，部分种类可超过10毫米，触角丝状或念珠状。复眼发达，无单眼。口器咀嚼式。足短粗，跗节3节，前足第1跗节膨大，特化成丝腺，能吐丝结网。雌虫无翅；雄虫常有2对大小相似的膜质翅，翅脉简单。腹部与胸部近等长，10节，尾须1或2节，产卵器不明显，雄性外生殖器不对称，若虫外形似雌虫。雄性成虫虽然具有强大的颚，却不用来进食，只是在交配时用它来抓住雌性成虫。

渐变态。卵具盖。若虫期4龄。每年一至数代，喜欢群居。一个群体通常包括了几只雌性成虫和不同龄、不同大小的后代。若虫与成虫喜温暖、潮湿的环境，行动迅速。生活于自制的丝质坑道中，不仅可以保持身体水分，同时也能防御天敌。喜隐蔽，昼伏夜出。以枯死或腐烂的植物碎片、地衣、苔藓为主要食物。在饥饿时，雌、雄虫常互相吞食。

图示昆虫为等尾丝蚁科 Oligotomidae 婆罗洲丝蚁 *Aposthonia borneensis* (Hagen)。

十、直翅目

Orthoptera

直翅目包括蝗虫、蚱蜢、螽斯、蟋蟀、蝼蛄、蚤蝼等。广泛分布于世界各地，热带地区种类多，而在高纬度和高海拔地区的种类和个体数都较少。陆栖性较多，穴居性较少，水边生活的则更少。中国已知2 850多种。

成虫体长10～110毫米。口器咀嚼式，前胸背板大，后足跳跃式。翅长短不一，有时无翅。前翅为覆翅，皮革质，有亚缘脉。雌虫有发达的产卵器。尾须短，分节不明显。常有发达的发音器和听器。

渐变态。卵的形状与产卵方式因种类而异。多产卵于植物组织或土中。生活史因种类和地区而异。若虫的形态和生活方式与成虫相似，一般5龄，第2龄以后体背出现翅芽，多数种类的后翅芽覆于前翅芽之上。在发育过程中，触角有增节的现象。触角的增节多少和翅芽的发育程度是鉴别若虫龄期的依据。

绝大多数种类为植食性，取食植物叶片等部分，其中许多种类是农牧业重要害虫。有些蝗虫能够成群迁飞，加大了危害的严重性。蝼蛄是重要的地下害虫。仅螽斯科少数种类为肉食性，取食其他小动物。此外，直翅目大多数种类能够发音，部分种类生性好斗，成为著名的鸣虫和玩虫，是重要的观赏娱乐昆虫。

草螽 *Conocephalus* sp. 螽斯科 Tettigoniidae

体型中等偏小。头顶至翅端深褐色。前翅褐色，具小斑点。体侧绿色或枯黄色，无斑。头端部钝，不突出于颜顶。前胸背板呈斜三角形。后足股节端部具 2 枚刺。后翅长于前翅。

习性：成虫和若虫在各种草丛环境中生活，通常喜欢栖息于阴暗潮湿处。取食植物叶片等。比较常见。

日本条螽 *Ducetia japonica* (Thunberg) 螽斯科 Tettigoniidae

体型中等。头顶窄于触角柄节长度，背面具纵沟。复眼椭球形，明显突出。股节腹面内、外缘均具刺。胫节背面具沟和刺，内、外侧听器均为开放型。中足股节腹面内外缘具刺，胫节背面具沟和刺。后足胫节背面内、外缘具 2~3 个距。翅长远超过后足股节末端。

习性：植食性。成虫和若虫都生活在草丛等环境中。雄虫会鸣叫求偶。

古猛螽 *Palaeoagraecia* sp.　　螽斯科 Tettigoniidae

体型中等。体以枯黄色为主，背面深褐色。头顶背面具细纵沟，端部钝圆。颜面具刻点和纹。触角细长。前胸背板具褶皱，背面平坦，肩凹明显。前胸腹板有 1 对刺。中胸腹板和后胸腹板裂叶近三角形。翅细长，超出腹末很多。

习性：植食性。成虫和若虫生活环境类似，皆为各种草丛。雄虫善鸣叫。

似褶缘螽 *Paraxantia* sp.　　螽斯科 Tettigoniidae

体型较大。头顶背面具细纵沟，颜顶三角形，后头圆凸。前胸背板具颗粒状突起，形成两条线。侧片前缘明显后凹；下缘向后延伸，波曲。前足基节具刺，胫节背面具沟和端距，内、外侧听器均为封闭型。前翅大，表面纹路模拟叶脉，整体如叶片状。

习性：雄虫善鸣叫，成虫和若虫一般都在草丛中生活。取食各种植物叶片。

露螽 *Phaneroptera* sp. 螽斯科 Tettigoniidae

体型中等。体以翠绿色为主。头顶侧扁，背面具深色纵沟。触角红褐色，细长。前胸背板无侧隆线，背面褐色。前翅长，超过后足股节末端，后翅外露部分长于前翅的1/4。各足胫节褐色。

习性：植食性。成虫和若虫多栖息于植物的叶冠上。受到惊扰会向草丛深处跳跃逃跑。雄虫善鸣叫。

翡螽 *Phyllomimus* sp. 螽斯科 Tettigoniidae

体型中等。身体较扁平。体色翠绿，拟态树叶。头顶稍尖。前翅宽大，平覆于背部。头顶远突出于复眼前缘，背面具细纵沟。前胸背板密布颗粒状突起。前胸腹板无刺。中胸腹板横宽，前缘和侧缘具瘤突。

习性：栖息于草地等环境中，常紧紧贴附在叶片上，利用特殊的体形、体色隐匿于植物间。

腐叶螽 *Sathrophyllia* sp. 　螽斯科 Tettigoniidae

体型中等，身体较扁平。体色和纹理模拟树皮。颜色以灰色为主，有不规则杂色斑。触角细长，着生于复眼之间。头、胸、腹的分界不明显。前后翅发达，雄虫前翅有发音器。产卵瓣刀状或剑状。

习性：植食性。喜欢栖息在枯枝落叶或枝干上，不易被发现。雄虫鸣叫求偶，雌虫不鸣叫。

傅氏棘卒螽 *Trachyzulpha fruhstorferi* Dohrn 　螽斯科 Tettigoniidae

体型中等偏大。体灰绿色，杂有黑斑，似迷彩。体表颜色如长苔藓的树皮，并有多种不规则突起，拟态生活环境中的苔藓、地衣丛。前胸背板马鞍形，背面侧缘具棘刺，前缘直，后缘向后伸出，端缘平截。前翅前缘圆形。

习性：植食性。生活在苔藓、地衣丛生的环境中，通过自身形态和颜色的拟态，隐蔽其中，不易被发现。

栖螽 *Xizicus* sp.

螽斯科 Tettigoniidae

体型较小，细长。头较粗短，头顶圆锥形，端部钝圆，背面具4条暗黑色纵纹。复眼卵形。触角细长。前胸背板短，肩凹较浅。前后翅发达，远超过后足股节末端。前翅半透明，背面具暗点。

习性：成虫、若虫都是植食性。生活在草丛等环境中，并以栖息处的植物为食。夜间有趋光性。

蟋螽

蟋螽科 Gryllacrididae

体型中等。身体较肥大，体壁柔弱。头顶宽，一般为触角第1节长的2倍；钝圆，无侧隆线。触角细长，通常为体长的数倍；着生于两复眼之间。前胸背板马鞍状。前足基节外缘有一个刺，胫节无听器。

习性：植食性。常在乔木、灌木或禾本科植物上，于卷叶中生活，昼伏夜出。趋光，有假死性。

芒灶螽 *Diestrammena* sp.

驼螽科 Rhaphidophoridae

体型中等偏小，呈半球形，“驼背”状。体深褐色，腹面颜色发黄。成虫翅退化。触角极长，几倍于体长。头、胸、腹背面相接处过渡平滑。前足股节端部有一个可以活动的长距，前足胫节无听器。后足较粗大。

习性：喜黑暗环境，多在夜晚活动。杂食性。栖息在居民灶台附近的缝隙中。

双针蟋 *Dianemobius* sp.

蟋蟀科 Gryllidae

体型偏小。体灰白色，有褐色斑纹，复眼黑色。头、胸、股节端部有黑色细毛。触角长于体长。前胸背板横宽。前翅以褐色为主，有白色纹路。前足胫节外侧具椭圆形听器。后足股节具褐色斑纹。

习性：栖息于草丛、矮小的灌木或小乔木中，或停息在与体色相似的岩石上。雄虫鸣叫求偶。

赤胸墨蛉蟋 *Homoeoxipha lycoides* (Walker) 蟋蟀科 Gryllidae

体型偏小。头、胸略有红褐色。头较小。触角褐色，细长，基部粗大。前胸背板小，梯形，赤黑色。头和前胸背板具毛。前翅基部红色，翅面有 4 块深色斑纹。翅末端略超过腹末。后足股节外侧常具 1 条深褐色纹。

习性：不喜阳光，喜欢略带潮湿的阴凉环境。杂食性。雄虫鸣叫求偶。

额蟋 *Itara* sp. 蟋蟀科 Gryllidae

体型中等。身体梭形。体以褐色为主。头较小，额突前端较窄，触角细长，眼向前凸出。各足股节端部、胫节、跗节颜色较深，黑色。前翅背面有网状翅脉，后翅末端超过前翅。尾丝基部颜色浅，向端部颜色加深。

习性：生活在草丛或灌木丛中。食性广泛。夜间有趋光行为。雄虫鸣叫求偶。

树蟋 *Oecanthus* sp.

蟋蟀科 Gryllidae

体型中等，纤细。体嫩绿色或黄绿色，复眼黑色。头小，口器明显向前伸。触角细长，超过体长。前胸背板狭长，前窄后宽。前翅稍微革质。后翅超出前翅许多，质地薄如轻纱，几乎透明。足较细弱，善行走，不善跳跃。

习性：栖息于瓜、豆等棚架作物或果树、草丛中。产卵于细小的枝条上。食性较杂，夜间有趋光行为。

长蟋 *Pentacentrus* sp.

蟋蟀科 Gryllidae

体型中等偏小。身体较窄长，体表毛明显。体以褐色为主，前翅黄褐色斑占大部分。复眼发达。头顶扁平，较光滑。触角中部几节具白色的宽环。后翅末端超出前翅很多。前足胫节仅内侧具膜质听器。后足胫节背面两侧基部具刺，端部各具 3 枚背距，外侧端距 3 枚，内侧端距 2 枚。

习性：多生活在树枝上。夜间有趋光习性。杂食性。本照片拍摄于夜间灯下的岩石上。

唧蛉蟋 *Svistella* sp. 蟋蟀科 Gryllidae

体型偏小。体以黑色为主，各足浅黄色。触角很长，远超过体长。复眼较大，突出。前胸背板表面有细毛，前缘较直或微凸。雄性前翅膜质，伸达腹端；镜膜长略大于宽，内具伪脉。雌性前翅微弱凸起，纵脉平行。前足胫节外侧具膜质听器。

习性：生活在地表或草丛等处，夜间活跃。食性杂。雄性鸣叫求偶。

花生大蟋 *Tarbinskiellus portentosus* (Liehtenstein) 蟋蟀科 Gryllidae

体长40毫米或更长，是蟋蟀中较大的种类，体型粗壮。体淡褐色，背部深黑色。头大而宽扁，后头窄，头顶较倾斜。触角柄节较小，盾形。前胸背板前端明显宽于后端，边缘脊状。前足胫节听器明显缢缩，第1跗节极短。

习性：花生、豆类等农田中常见。栖息于自挖的洞穴中。咬食植物根、茎等部位。

蛉蟋 *Trigonidium* sp.　蟋蟀科 Gryllidae

体型较小。体色黑，足黄色，触角黄白色。头圆形，具刚毛，稍宽于前胸背板前缘。额突较短，宽于触角第1节。复眼突出。触角细长。前胸背板横宽，具毛。后足胫节背面两侧有刺。前翅密集排列纵向条状突起。后翅末端超出腹末很多，筒状。

习性：多生活在草丛中。喜欢在叶片上活动。食性杂。雄虫鸣叫求偶。

斗蟋 *Velarifictorus* sp.　蟋蟀科 Gryllidae

体型中等。体以黑色为主，有褐色花纹，前翅两侧有褐色条带。头顶稍微倾斜，颜面上部明显圆凸。触角细长，丝状。前翅较短，不超过腹部末端。后翅藏于前翅下。前足胫节内侧听器呈凹坑状。后足胫节背面内、外侧各具数枚长刺。尾须较长。

习性：雄虫善鸣，好斗。生活于土表腐叶层下或碎石缝隙中。杂食性。

茨娓蟋 *Zvenella* sp. 蟋蟀科 Gryllidae

体型中等。体褐色，有黑色斑纹，前胸背板中后部具 2 个对称的斑点，前翅背面侧缘具黑色条纹。体表密布细毛。触角长度超过体长。雌虫翅不发达，前翅末端不达腹末。后足胫节背面两侧有较短的弯刺。后足跗节第 1 节较短。尾须上布满长的细毛。

习性：植食性。生活在草丛中、地表根际等环境。雄虫鸣叫求偶。

云南负蝗 *Atractomorpha yunnanensis* Bi et Xia 锥头蝗科 Pyrgomorphidae

体型中等，整体呈菱形。体以绿色为主，身体两侧有白色小点。头尖，触角短，复眼位于头两侧棱线上。前胸背板后缘向后延伸许多。前翅略超过后足股节末端，前缘钝角状。后翅略宽，稍短于前翅。后足发达。

习性：生活在草丛中，静止时不易被发现。植食性。受到惊吓会突然跳走逃跑。

大斜翅蝗 *Eucoptacra binghami* Uvarov

斑腿蝗科 Catantopidae

体型中等。体以黑、褐色为主，头和前胸背板颜色较深。颜面隆起，在中央单眼下的宽度等于或略宽于复眼间的宽度。前胸腹板突锥形。前胸背板后缘尖角状，向后突出；侧面后缘黄色。前翅超过腹末，具不规则暗黑色斑。

习性：主要栖息于树林灌木中，平时潜伏于草丛中或静伏于草叶上。植食性。善跳跃。

板角蝗 *Oxytauchira* sp.

斑腿蝗科 Catantopidae

体型中等偏小。体背面以黑色为主，腹面以黄色为主，背面具 2 条对称的黄色纵贯细直线，体侧有较宽的白色条带，触角褐色。足黄色，半透明。复眼高于头顶。前胸背板圆柱状，后端不扩展。前翅不超过腹末。后足股节超过腹末。尾须呈圆锥状。

习性：生活在草丛等环境中。植食性。受到惊吓会迅速跳走逃跑。

凸额蝗 *Traulia* sp. 斑腿蝗科 Catantopidae

体型中等。体以枯黄色为主，头、胸背面中央有宽的深色带。触角末端白色。前胸背板深色带的四角各有 1 个弧形黑斑。前胸侧面下方有三角形黑斑。侧面观，头、胸部靠近腹面的 1/4 黄色。前翅侧面观，以腹部背面基准，有 1 条水平的分界线，前翅上翘的部分为黑色。后足股节侧面黑色，端部有黄斑。

习性：生活在灌木丛或与体色相近的落叶丛、岩石上。取食植物叶片。善跳跃。

大斑外斑腿蝗 *Xenocatantops humilis* (Serville) 斑腿蝗科 Catantopidae

体型中等，较细长。体以黑、褐色为主，黄色斑主要在中胸侧板和后足股节上。复眼大，突出。触角长度约与头胸部长度相等。前胸背板马鞍状，前胸腹板突锥状。前翅较长，超出后足股节端部，约到腹末端。后足胫节红色。

习性：植食性，危害水稻、小麦、甘蔗、甘薯、茶树等，并在这些植物所在的环境周围栖息。

多氏乌蜢 *Erianthus dohrni* Bolívar　　脊蜢科 Chorotypidae

体长 19~34 毫米。体色鲜艳，以绿色为主，有黑斑；雌虫体色稍暗淡。前翅褐色，径脉区域中部有 1 个黄斑，另有 2 个透明斑。头顶直立，锥形；颜面扁平。触角丝状，短于前足股节。前胸背板前缘平截，后缘钝角形，具中隆线。前翅狭窄，向翅末方向渐扩展，端部斜截。后翅短于前翅。

习性：多栖息于林地环境中。植食性。善跳跃。

蚱 *Tetrix* sp.　　蚱科 Tetrigidae

体型较小，粗壮。全身布满黑、褐色不规则斑纹。体表密布小瘤突。头顶与颜面隆起，侧面观，仅在触角基部之间突出呈弧形。触角丝状，位于复眼下缘。前胸背板后缘极度延长，几乎到达腹末，菱形。前后翅藏于延伸的背板下。后足发达。

习性：生活在各种草丛环境中。取食寄主植物。善跳跃。

狭顶蚱 *Systolederus* sp.　　短翼蚱科 Metrodoridae

体型中等偏小。体以黑、褐色为主，侧面和后足股节前端有白色大斑。各足有浅褐色和白色斑纹。前面观，头顶前端极狭，两复眼接近且隆起。触角丝状，黑色，每节端部有白色环纹。前胸背板向后延伸极长，末端颜色渐变为黄褐色。

习性：白天活动，生活在植物叶片上。以植物为食。善跳跃。

羊角蚱 *Criotettix* sp.　　刺翼蚱科 Scelimenidae

体型中等。体枯黄色。足黑色，前、中足胫节有淡色环斑，后足股节中间部位有白色碎斑。复眼枯叶色，不高于前胸背板。头顶宽约等于复眼之宽。触角丝状。前胸背板侧面有明显的尖角状突起，后缘向后极度延伸，远超出腹部末端。

习性：生活在与体色相似的岩石表面或枯枝落叶堆中，通过体色隐藏。植食性。善跳跃。

十一、啮虫目

Psocoptera

啮虫目因某些种类能把粮食蛀蚀成粉而得名，中文通称为啮虫或书虱等，简称蝎，是昆虫纲中的中小型目。我国记载 1 700 多种，多分布在温带地区，但也有一些种类生活在较冷地区。

体型较小，体长 1 ~ 11 毫米。头大，转动灵活。后唇基特别发达，呈球状突出。触角长丝状，复眼凸出，单眼 3 个。口器咀嚼式。前胸小，细缩如颈。翅膜质，发达，呈屋脊状覆于腹部上，脉序简单，横脉少，有些种类无翅。跗节 2 或 3 节。无尾须。雌、雄外生殖器均小而不显著。

渐变态。卵长椭圆形。若虫形似成虫，4 ~ 6 龄。雌虫在叶片或树皮上产卵，每次产卵 20 ~ 120 粒，散产或聚产，表面覆盖丝网或黏质分泌物。室外种类每年发生 1 ~ 3 代，室内种类可周年繁殖。

常成群生活在树干、叶片或果实上，在树皮、篱笆、枯叶、苔藓与石头下的潮湿阴暗之处也能发现，一些种类生活在室内、仓库或菌体中。取食藻类、真菌、花粉、树叶表皮等。无翅种类多生活在室内，为害书籍、谷物、衣服、动植物标本和木材等。少数种类捕食介壳虫或蚜虫，个别种类是羊绦虫的中间宿主。

重蛄 重蛄科 Amphientomidae

体型小。通常全身被鳞片。体以灰色为主，翅的后半段有大的三角形斑，橙色。前翅外缘和橙色斑周围有白色条带，翅外缘后半段有褐色短横线，翅端部有 1 个黑色圆斑。触角细长，丝状。前足股节、胫节内侧具梳状齿，跗节 3 节。停息时头部与胸部在同一高度。

习性：多生活于石头表面，行动敏捷。取食栖息场所表面的有机物碎屑。

带蛄 *Taeniostigma* sp. 双蛄科 Amphipsocidae

体型小，较狭长，是啮虫目中体型较大的一类。体以鲜黄色为主。下颚须端节细长，一般长为宽的 4 倍以上。前翅狭长，透明。翅痣狭长，无后角。翅脉颜色深。前翅翅缘和翅脉具毛，基半部脉具双列毛。足黄色，略带暗色。跗节 2 节。爪无亚端齿，爪垫宽阔。

习性：通常生活在树上。植食性，取食植物碎屑和菌类。

单蛄 *Caecilius* sp.

单蛄科 Caeciliusidae

体型小。体以淡黄色为主，头、胸部背面有黑色斑纹。翅黄褐色，半透明；翅脉周围有褐色晕纹。身体腹面淡黄色。胸部稍微高于头部。足黄色，跗节2节，跗节端部黑色，爪无亚端齿，爪垫宽阔。翅痣后角圆，翅缘具毛。

习性：栖息在树枝和树叶表面，具趋光性。取食物体表面的有机质或菌类。

皱蛄 *Ptycta* sp.

蛄科 Psocidae

体型小。身体黑、白杂间。翅透明，光滑无毛，翅脉黑色。触角13节，各节长短不一。触角与前翅长度相近。翅痣后角尖。下颚须4节，端节长为宽的3倍以上。胸部高于头部，形似驼背。足淡色，关节处黑色。跗节2节。爪具亚端齿，爪垫细。

习性：成虫和若虫多栖息在树上。取食植物表面的有机物碎屑。可以织网并居于网下。

狭蛄 *Stenopsocus* sp.　　狭蛄科 Stenopsocidae

体型小。头部和胸部黑色，颈部红色。各足股节黄色，胫节黑色。腹部较大，红褐色，末端黑色。翅透明，翅脉褐色。翅痣前部黄色，后缘黑色，狭长。前翅缘具毛。触角较粗，黑色。胸部高于头部。爪无亚端齿，爪垫宽。

习性：行动迅捷，生活在树上。能织简单的网，并藏匿在网下。

鼠蛄　　鼠蛄科 Myopsocidae

体型小。停息时翅收拢，呈屋脊状。身体褐色，有淡色斑。翅、足与身体颜色一致。触角 12 或 13 节，细长。前、中足较短，后足较长。各足胫节、跗节端部褐色，其他部分颜色淡。跗节 3 节，爪具亚端齿，爪垫宽。翅脉上间断出现白色，使翅脉呈虚线状。

习性：生活在岩石上。取食岩石表面的碎屑和菌类。

十二、缨翅目

Thysanoptera

缨翅目昆虫有许多种类，常栖息在大蓟、小蓟等植物的花中，故名蓟马。中国已知580余种。

成虫体细长，略扁，大多数在0.5～5毫米，也有少数体型较大的种类，体长可达10～14毫米。体黄、褐色至黑色，光滑或有皱纹、网纹或鬃。口器锉吸式，适合于锉破植物或小昆虫的表皮而吸吮其汁液。大多数有翅型具复眼和单眼，无翅型常缺单眼。翅发达，前后翅均狭长，边缘密生长缨毛，故称缨翅。雌、雄虫都有长翅型、短翅型或无翅型。足细长或明显变粗，光滑或有微刺，前跗节有翻缩性“泡囊”。腹部一般呈纺锤形，少数宽圆形或卵形，常扁平。部分种类雌虫的第8～10腹节下有1个产卵器，由4个锯状的瓣组成，可把植物的嫩组织锯破，在里面产卵。这类蓟马在分类上属于锯尾亚目。另一类腹部末端圆管形，雌虫的产卵器由1个细柔可翻的斜槽构成，在雌虫的第8或第9腹节有生殖孔，只能在植物体表面产卵，这类蓟马在分类上属于管尾亚目。

蓟马一生经历卵、一二龄幼虫、三四龄蛹（或三四龄前蛹及五龄蛹）、成虫。生殖方式包括两性生殖和孤雌生殖，孤雌生殖现象很普遍，雄虫非常罕见，繁殖速度快。成虫行动敏捷，能飞善跳，多生活在植物花中取食花粉和花蜜，或以植物的嫩梢、叶片及果实为食，是农作物、花卉及林果的重要害虫。部分种类还能传播植物病毒，所造成的危害远远大于其直接取食带来的危害。蓟马中也有许多种类栖息于林木的树皮与枯枝落叶下或草丛根隙间，取食菌类的孢子、菌丝体或腐殖质。此外，还有少数捕食蚜虫、粉虱、介壳虫、螨类等，成为害虫的天敌。

图示昆虫为管蓟马科 Phlaeothripidae 管蓟马 Phlaeothripinae sp.。

十三、半翅目

Hemiptera

半翅目是昆虫纲不完全变态类昆虫中最大的类群，中国已知有12 200多种，包括了传统分类沿用的同翅目（蝉、沫蝉、叶蝉、角蝉、蜡蝉、飞虱、木虱、粉虱、蚜虫及介壳虫）和狭义的半翅目（蝽类）。目前国际公认和普遍接受的分类系统是一个单系的半翅目，包括4个亚目：胸喙亚目、头喙亚目、鞘喙亚目和异翅亚目（蝽类）。异翅亚目的蝽类昆虫成虫前翅基半部革质，端半部膜质，称为半鞘翅，并常有臭腺。

半翅目昆虫多数为渐变态，一生经过卵、若虫、成虫3个阶段。若虫形态与成虫相似，但个体较小，体壁柔软。大多数陆生，少数种类水生。成虫和若虫均为刺吸式口器，大部分为植食性昆虫，是农作物、园林景观植物以及林业的重要害虫。少部分种类还能叮人、吸食血液和传播疾病等，如分布于南美的普热猎蝽及常见的居室害虫温带臭虫。半翅目昆虫也有一些有益的种类。紫胶、白蜡、五倍子都是该目昆虫的产品，它们既是重要的工业原料，又是重要的药用资源。猎蝽科、姬蝽科、花蝽科等昆虫为捕食性种类，是许多农林害虫的有效天敌，它们在农林害虫的自然控制中起着重要作用。

黄蚱蝉 *Cryptotympana mandarina* Distant　蝉科 Cicadidae

体长 36~46 毫米，雌性较小。体以漆黑色为主。头冠短宽，稍宽于中胸背板基部，腹部约与头胸部等长。胸部背面和腹部腹面两侧有黄褐色或红褐色斑点，其上密生金黄色绒毛。前、后翅基部黄褐色，半透明。翅脉清晰，黑色。翅的其余部分透明。

习性：雌虫产卵于树木枝条中。若虫在地下吸食根系汁液，成虫在树干上吸食汁液。雄虫善鸣叫求偶。

真宁蝉 *Euterpnosia* sp.　蝉科 Cicadidae

体型较大，较瘦长。头部宽于中胸背板基部。前胸背板后角稍扩张。腹部明显长于头胸部。腹部第 4 节两侧有臼状突起。背瓣小，呈宽而短的狭片状，边缘上翻。雄性腹瓣小，左右分离。翅透明，翅脉清晰，前翅 8 个端室，后翅 6 个端室。

习性：若虫生活在地下，吸食植物根系中的汁液。末龄若虫爬出地面在植株上羽化。在枝条上产卵。卵随枝条掉落在地上后，孵化成若虫，钻入土中。

螂蝉 *Pomponia* sp. 蝉科 Cicadidae

体型中等。体多为褐色或绿色。头部等于或宽于中胸背板基部。单、复眼间距大于两侧单眼间距。喙长，明显超过后足基节。前胸背板侧缘较窄，前侧缘波状或齿状突起，后角稍扩张。雄性腹部明显长于头胸部。背瓣约完全盖住鼓膜。雄性腹瓣小。前翅多有污褐色斑纹。

习性：若虫生活在土中，吸食根部汁液。成虫生活在树上，吸食树汁。有趋光性。

华蝉 *Sinosemia* sp. 蝉科 Cicadidae

体型中等偏大。体色偏暗。头部稍宽于中胸背板基部，前胸背板前侧缘具齿状突起。腹部较短，雄性腹部约与头胸部等长。背瓣内侧有较大缺刻，部分鼓膜外露。翅透明，前翅 8 个端室，后翅 6 个端室。

习性：若虫生活在土中，吸食根系汁液。成虫在植物上吸食树木汁液。雄虫鸣叫求偶。雌性产卵在枝条中，枝条落地后卵孵化。

云管尾犁胸蝉 *Darthula hardwickii* (Gray)　犁胸蝉科 Aetalionidae

体型中等。雌性背面红褐色。头隐藏于前胸背板前缘下，黄褐色。前胸背板半球形，略侧扁，两侧有明显的黑色斑。有明显隆起呈弧形的中脊。前翅狭长，翅脉黄色，小室呈密布的网状。后翅淡黄褐色，透明。足基节至股节紫红色，其余黑色，密被细毛。尾节下方延伸出 1 对细长的突起，合成一个圆柱形尾管，被黄褐色浓密的长毛。

习性：成虫和若虫皆在植物茎秆处吸食汁液。生活在灌木丛中，活动能力较弱。

条大叶蝉 *Atkinsoniella* sp.　叶蝉科 Cicadellidae

体型小。体表有黑色条纹，其间为红色斑块，整体以红色为主。头冠前缘宽圆，突出；单眼位于两个复眼前缘连线上或偏后方，着生于凹陷内，侧额缝伸达头冠，触角脊平伏。前胸背板侧缘凹曲。小盾片横刻痕和后域一般隆起。翅收拢时后胸后侧片不外露。

习性：生活在草丛中，成虫和若虫都在植株上栖息，吸食植物汁液。跳跃力强。

横脊叶蝉 *Evacanthus* sp.

叶蝉科 Cicadellidae

体中小型，头冠前缘钝圆突出，冠面黑色，侧脊明显，单眼着生在侧脊的凹陷区域内，位于复眼和头冠顶端的中央，颜面棕黄色；前胸背板黑色，前缘弧形微前突；中胸小盾片黑色，呈三角形，前翅爪片边缘黄色，前缘域和爪缝具有黄色的条斑，翅面黑色。

习性：多栖息于植物叶片上，并吸取植物汁液。跳跃能力较强，遭到干扰时常爬行藏于植物叶片背面，过度惊吓或干扰物过近时会迅速跳起，飞走。

片脊叶蝉 *Parapythamus* sp.

叶蝉科 Cicadellidae

体型小。体色深，有较复杂的花纹。翅脉黑色，翅脉间区域为褐色和淡蓝色斑。头冠和颜面各具 1 条中纵脊，头冠中前部常有 1 条横脊。单眼位于近头冠前缘处，常位于凹陷中。唇基隆起。

习性：栖息在植物茎秆、叶柄或叶脉等处，将喙插入植物维管系统中吸食汁液。受到惊吓会迅速跳起，飞走。

无突叶蝉 *Taharana* sp.

叶蝉科 Cicadellidae

体型小，较短。墨绿色，头褐色。胸背面及翅上散布细碎污黄色和深色斑。头短宽，无脊。复眼较大，褐色。单眼位于头顶横脊后方，黑色。额唇基区有两条赤色带。前胸背板较窄。翅后端较宽大，超过腹末端。足黄褐色。

习性：成虫在草丛中的叶片上生活，吸食植物汁液。受到惊吓会迅速跳开，飞走。

红缘角胸叶蝉 *Tituria planata* (Fabricius)

叶蝉科 Cicadellidae

体型中等，粗壮。黄绿色。头冠边缘具红色宽边，冠缝明显，延伸至头冠前缘。单眼红色，间距小于与相邻复眼之间的距离，复眼红棕色。前胸背板侧缘角状突起黑色且向上稍微翘起；小盾片基角各有 1 个淡色或红色斑。前翅边缘暗红色或红褐色。

习性：成虫栖息于木本植物上，以吸取植物汁液为食。具跳跃能力，在受到触碰干扰时可起跳飞走，并具短暂假死现象。

丽沫蝉 *Cosmoscarta samudra* Distant

沫蝉科 Cercopidae

体型中等。体色艳丽，具红褐色和黑色相间的横带，头、足黑色。颜面球形突出。前胸背板大,具不明显的中脊。小盾片小。翅宽大,呈屋脊状覆于体背。前翅端区具网状翅脉,前翅基部的宽度比前胸背板窄。

习性：若虫分泌泡沫，包围全身，藏匿其中。成虫无泡沫保护。吸食植物汁液。

橘黄小盾沫蝉 *Leptatapis fulviceps* (Dallas)

沫蝉科 Cercopidae

体长 20~22 毫米。头、前胸背板、前胸侧板外缘枣红色或橘黄色。身体其他部位以黑色为主。前胸背板宽，前端向下倾斜，有明显的中脊；中部突起；前、后缘向上折；肩角钝圆。中胸腹板较长，前端有三角形瘤突。前翅端部翅脉明显且密集，呈网状；其余区域翅脉不明显。后足胫节外侧有 2 枚刺。

习性：成虫和若虫都吸食植物汁液。若虫会分泌黏液和气泡形成一团泡沫，隐匿其中。

斑帛菱蜡蝉 *Borysthenes maculatus* (Matsumura)　菱蜡蝉科 Cixiidae

体长约 4 毫米。头、胸淡褐色。额近基部扩大，侧缘呈叶状向前外方突出。触角黄褐色，粗短，下方凹入。喙细长，末端黑色，伸达腹部近中央。前胸背板极短，中胸背板深褐色。腹部黑褐色。前翅灰白，半透明，散布许多不规则的大型褐斑，翅脉褐色。足褐色偏黄。

习性：生活在草丛中，用刺吸式口器吸食植物茎秆中的汁液。受到惊扰会跳走。

烟阉蜡蝉 *Kinnara fumata* (Melichar)　阉蜡蝉科 Kinnaridae

体长约 5 毫米。白色。体表被一层雾状蜡粉，全身烟褐色。头小，顶很短，额侧缘呈叶状，与头顶的侧缘相连。触角小，紧靠在复眼下方。复眼红色，中单眼明显。前胸背板极短，中胸背板大且隆起。前翅宽阔，翅面中部有数个不规则的淡色斑。

习性：生活在草丛间，成虫和若虫都吸食植物汁液。跳跃力强。

云南兰璐蜡蝉 *Lacusa yunnanensis* Chou et Huang　璐蜡蝉科 Lophopidae

体长约 5 毫米，头、胸褐色。前翅淡褐色，几乎透明，基部 1/3 处有 1 条深褐色的横带，中外方有 1 条“V”形深褐色纹，翅面上散布多个深褐色细小纹和小斑点，翅脉与翅同色，前中足有深色斑点，股节和胫节宽扁。

习性：生活在草丛、灌木等环境中。成虫和若虫都在植物茎秆上吸食汁液。受到惊吓会跳走。

卵蛾蜡蝉 *Flatida intacta* (Walker)　蛾蜡蝉科 Flatidae

体长约 10 毫米，卵圆形，头部较尖。体黄褐色，触角第 1 节淡褐色。前胸背板中域抬高呈平台状，纵脊 3 条。翅膀宽大，半透明。前翅淡黄色，后翅乳白色。足褐色，前、中足胫节和跗节褐色。

习性：生活在树木上。成虫和若虫都吸食茎秆内汁液。常有群聚现象。

缘扁蛾蜡蝉 *Flatida marginella* (Oliver)

蛾蜡蝉科 Flatidae

体长约 7 毫米。卵圆形，较扁。头顶短，略呈圆锥状突出。触角深褐色。前翅绿色，边缘红褐色，亚边缘蓝绿色，翅上散布少量白色蜡点。后翅绿白色。前、中足褐色，被蜡粉。

习性：常在咖啡、茶、油茶、柑橘、油梨、迎春花等植株上吸食汁液。平时不喜活动。常群聚。

广袖蜡蝉 *Rhotana* sp.

袖蜡蝉科 Derbidae

体型较小。身体卵黄色。翅透明，翅脉及附近卵黄褐色。前翅宽大，端部平截。后翅近末端有 1 条白色的横带，横带外有 4 个黑斑。头窄于前胸背板，边缘强脊状。前胸背板狭窄，中胸背板有 3 条不清晰的脊。足黄色。

习性：生活在各种植物丛中。在叶片或茎秆上吸食植物汁液。夜间有趋光性。

鳖扁蜡蝉 *Cixiopsis* sp.　　扁蜡蝉科 Tropiduchidae

体型小。通体黑色。复眼暗红色。额上有 3 条脊线，侧脊在前端会合于中线。前胸和中胸背板各有 3 条脊线，中胸背板侧脊在前面与中脊会合。前翅翅脉明显，横脉多，不规则或倾斜。足较长，后足胫节有 4 枚侧刺。

习性：生活在隐蔽处的蕨类植物上，并在其上吸食植物汁液。受到惊吓后会跳走。

光背奇蝽 *Stenopirates* sp.　　奇蝽科 Enicocephalidae

体型小而柔弱，全身被稀疏的光亮细毛。复眼后具横缢，头后叶近球形。单眼显著，位于小丘突上。前胸背板横缢明显，将其分为前、中、后三部分，后缘弧形凹入，侧角宽圆形。前翅全为膜质，基室和中室均为关闭式。

习性：捕食性。常生活于潮湿隐蔽的环境。有婚飞习性，远看像一群蚊子。

大细蝽 *Valleriola* sp.　　细蝽科 Leptopodidae

体型偏小，窄长，全身被稀疏刚毛。身体黑褐色，有斑纹。触角丝状、细长。复眼大，向两边突出。前胸背板中央有纵向褐色条斑。小盾片端部浅褐色。翅上有浅褐色至白色斑，翅脉黑色。足细长，褐色。

习性：生活在水边大型岩石或岩壁的阴湿处。行动活跃而迅速。吸食其他节肢动物。

尺蝽 *Hydrometra* sp.　　尺蝽科 Hydrometridae

体型中等偏小，纤细，呈杆状，形似竹节虫。体黑色，背面有纵贯全身的白色条纹。头向前强烈伸长，眼前区长于眼后区。复眼远离前胸背板，约位于头的中部。无单眼。触角丝状、细长。足黑色，细长。

习性：捕食性。生活在静水池塘、沼泽的近岸处，取食水面上其他昆虫或小型节肢动物的尸体。

道氏小宽肩蝽 *Microvelia douglasi* Scott

宽肩蝽科 Veliidae

体长小于2毫米，短小紧凑。体褐色，密被短柔毛。前胸背板中央具黑色纵条纹。前胸背板前缘、头部侧缘的浓密刚毛银灰色至银白色。触角、头部腹面、前胸背板前缘和后角外侧缘、各足淡黄褐色至黄褐色。成虫分有翅型和无翅型，有翅型前翅合拢时表面可见12枚白斑。

习性：捕食性。生活在静水水面上，取食落在水面上的各种小昆虫尸体。有群集性。

云南丽宽肩蝽 *Perittopus yunnanensis* Ye, Chen et Bu

宽肩蝽科 Veliidae

体长约3.5毫米，短小紧凑，体表覆盖细软短毛。体亮红色。触角、复眼黑色，足除基节和股节基半部淡黄色外，其他部位黑色。前翅膜区黑色。前胸背板前缘和后缘的毛黑色。中胸和后胸背板完全被前胸背板覆盖。前足跗节加粗，中、后足跗节细长。

习性：捕食性。生活在静水水面上，取食掉落在水面上的各种小型节肢动物尸体。

黾蝽 *Gerris* sp.

黾蝽科 Gerridae

体型中等，身体窄长。体棕色，密被短细绒毛。复眼大，半球形，向两侧突出。触角端部白色。前胸背板中央有1条纵向淡色浅沟，前胸背板前部和后部有黑色不规则斑。前翅基部淡黄色，翅脉深褐色。中、后足极长。

习性：捕食性。生活在静水或缓流表面，以小型昆虫或节肢动物为食，或吸食小昆虫尸体。

暗条泽背黾蝽 *Limnogonus fossarum* (Fabricius)

黾蝽科 Gerridae

体长约10毫米，长椭圆形。通体黑色，前胸背板光亮。头顶两侧有黄色纵条纹，颈部有黄色横条纹。前胸背板前部中央有2条紧邻的黄色纵条纹，后部中央有1条细长的黄色纵条纹，侧缘和后缘亦有黄色条纹围绕。翅黑色，半透明，翅脉颜色略深。足深棕色。

习性：捕食性。生活在静水或缓流表面，捕食小型昆虫或节肢动物，或取食掉落在水面的小昆虫。

负子蝽 *Diplonychus* sp. 负子蝽科 Belostomatidae

体型中等，卵圆形，较扁平，腹部腹面略呈船底形。体深褐色，头、前胸背板和足上散布污黄色不规则斑。触角隐藏在眼下的沟中，从背面不可见。无单眼。前足为捕捉足，粗壮。腹部末端有 1 根短而扁平的呼吸管。

习性：生活在水中。捕食各种水生昆虫、无脊椎动物、鱼苗、蝌蚪等。雄虫背负卵至孵化。

壮蝎蝽 *Laccotrephes* sp. 蝎蝽科 Nepidae

体型中等偏大，身体长椭圆形，较扁平。体黑褐色，表面粗糙。头小。前胸背板前缘内凹，向前包住头的后部。前足粗壮，为捕捉足，股节基部腹面有 1 个明显的齿突。中、后足细长。腹末呼吸管细长，约为体长的一半。

习性：捕食性。水栖，以各种水生小动物为食。通常头朝下，将呼吸管伸出水面呼吸。

仰蝽

仰蝽科 Notonectidae

体型中等偏小，身体背面呈船底形。体以黄白色为主，复眼和腹面黑色。触角隐藏在复眼下的沟中，平时不可见。前、中足较短，平时收拢在一起。后足长，如船桨般伸在身体两侧，用来划水。腹部腹面布满细长毛丛，可以包裹气泡，用来呼吸。

习性：以“仰泳”的姿势在水塘等处的表层活动，捕食水中的各种小动物。受惊扰会划到水底或水草丛中躲避。

亚洲蟾蝽 *Nerthra asiatica* (Horváth)

蟾蝽科 Gelastocoridae

体长约 11 毫米，宽短而扁平。体褐色，前足股节黄色。身体表面粗糙。头横宽，复眼向侧上方突出。前胸背板宽大。前足为捕捉足，股节粗壮。中、后足正常。极似印度蟾蝽（见后文），但体型较大，体表较平整，腹部侧接缘平滑。

习性：捕食性，生活在水边潮湿环境中。体表常覆盖泥沙用来伪装。

印度蟾蝽 *Nerthra indica* (Atkinson)

蟾蝽科 Gelastocoridae

体长约 10 毫米，体型宽而扁平。体以灰黄色为主。体表凹凸不平，外形似蟾蜍。头短宽，前端垂直，后端嵌在前胸背板之中。复眼向两侧突出。前胸背板宽大，凹凸剧烈。前足为捕捉足，股节粗大，跗节 1 节，爪左右不同形。腹部侧接缘波状。

习性：捕食性。生活在河边湿地等环境。常在体表覆盖泥沙，具伪装性。

宾刺瘤猎蝽 *Carcinocoris binghami* (Sharp)

猎蝽科 Reduviidae

体长 6~8 毫米。体黄褐色，有黑斑。身体背面，尤其是头和前胸背板具密刺突。触角 4 节；末节加粗，呈纺锤状。前胸背板六边形。小盾片极长，端部接近腹部末端，两侧近平直，基部中央具新月状隆起，中纵脊直达顶端。前足为捕捉足，形似蟹钳。腹部中央向两侧菱形扩展。

习性：潜伏在花中，捕食各种小昆虫。平时行动缓慢，不善飞翔。

冠绒猎蝽 *Apocaucus* sp.

猎蝽科 Reduviidae

体长5~6毫米，较柔弱。体红褐色。触角具长绒毛，第1节约与头等长，第2节约为第1节的一半，第3、4节细。头顶密生毛簇，毛端部向内弯曲，呈圆冠状。前胸背板前后叶分界不明显，后叶被3条纵沟分为4部分。前翅大，超过腹部末端，革片极小。

习性：捕食性。行踪隐秘，不常被发现。昼伏夜出，有趋光性。

大锥绒猎蝽 *Opistoplatys majusculas* Distant

猎蝽科 Reduviidae

体长约12毫米，淡棕褐色，被黄色细毛。头、前胸背板前叶暗褐色，革片内域、翅脉之间及膜片均为深褐色；膜片脉的基部为淡褐色，革片各条翅脉的内缘具红色线纹。前胸背板横缢明显，前叶中央具沟，两侧各具2条光滑斜纹。

习性：多生活在植物上，亦可在植物碎屑中发现。捕食性。

二节蚊猎蝽 *Empicoris* sp.　　猎蝽科 Reduviidae

体长约 5 毫米，体形瘦长。体黑色，前胸背板和前翅上散布细小白色花斑。前足基节白色，基节中部有 1 个黑色细环斑，基节端部黑色，股节和胫节黑色，各有 2 个白色细环斑。中、后足和触角白色，其上散布黑色环斑。

习性：捕食性。图中个体蛰伏于荫蔽处的蛛网上，静止时前足如螳螂般举于头前。

蚊猎蝽 *Gardena* sp.　　猎蝽科 Reduviidae

体长约 13 毫米，暗棕色。头、中胸及腹部腹面、触角及前足胫节颜色稍深，中足及后足股节顶端浅色，常略带红色，胫节基部浅色。眼前部分稍短于眼后部分，眼小。触角细长，第 1 节及第 2 节基部具稀疏直立长毛。

习性：常生活在阴暗潮湿处，如热带雨林灌木层及草木层中间。

中华眼蚊猎蝽 *Ocelliemesina sinica* Wang, Wang, Cao et Cai　猎蝽科 Reduviidae

体长 7~8 毫米，瘦长形。体暗褐色，光亮，被各式刚毛。头、喙、足和腹部腹面黄褐色。触角和胸部深褐色。前后翅褐色。眼前区短于眼后区。后唇基扁平。前足为捕捉足，基节长，股节腹面具 2 列刺。前翅较长，超过腹部末端，翅室 2 个。该种是蚊猎蝽亚科 Emesinae 中罕见的有单眼的种类。

习性：捕食性。夜间有趋光性。

红缘土猎蝽 *Coranus marginatus* Hsiao　猎蝽科 Reduviidae

体长约 10 毫米，近椭圆形。体黑色，被细密平伏短毛和稀疏较长的直立毛。头后叶背面中纵纹、触角第 2~4 节、各足胫节近基部环纹、跗节中部、前翅革片灰褐色，侧接缘红色。前胸背板前叶有云纹。小盾片顶端翘起。前足股节加粗，微弱结节状。前翅达腹部末端。腹部腹面中央稍平，侧接缘斜向上翘起。

习性：捕食性。生活在地表草丛中。不喜飞行，受惊扰后常疾跑入缝隙中躲避。

土猎蝽 *Coranus* sp.

猎蝽科 Reduviidae

体型中等，近椭圆形。头和前胸背板表面不平整。各足股节加粗，有瘤状突起。体形与红缘土猎蝽类似，但颜色差异明显：本种单眼红色，前翅黄褐色，腹部各节有两种颜色，前部黑色，后部黄褐色。各足黑色，有黄褐色斑。

习性：栖息在地表的土层、石缝中。捕食小动物。不喜飞行，善疾走。

环勺猎蝽 *Cosmolestes annulipes* Distant

猎蝽科 Reduviidae

体长约10毫米，长椭圆形。身体主要有黄、黑、白三种颜色。触角大部分和各足胫节端部大部分褐色，头、前胸背板前叶黑色具白斑，喙白色或黄白色，前胸背板后叶和前翅革片黄色。腹部侧接缘黄色，具黑斑。腹部腹面白色，具黑斑。小盾片端部勺状扩展。

习性：捕食性。生活在灌木中。日间活动，行动较灵敏。

黑角嗯猎蝽 *Endochus nigricornis* Stål　　猎蝽科 Reduviidae

体长 16~20 毫米，体土黄色至黄褐色，略闪光。本种色斑型变化较大，多数前胸背板侧角刺突、小盾片、各足股节亚端部的斑纹、各胸节侧板上的斑点、各腹节上的斑点黑褐色至黑色。体细长，头前叶略短于头后叶。前胸背板前叶具印纹，后叶中央较平坦，侧角刺较长，后角圆突，后缘近直。

习性：多在灌木上活动。捕食其他昆虫和节肢动物。

素猎蝽 *Epidaus* sp.　　猎蝽科 Reduviidae

体型中等偏大，长椭圆形。体以褐色为主。头圆柱状，稍短于前胸背板，后半部分黑色。触角第 1 节长，有 3 个白色环纹。触角基部后方具刺突。前胸背板后叶中央具 2 个刺突，侧角刺状，均为黑色。前足股节稍微加粗。腹部侧接缘有白斑。

习性：捕食性。生活在较高植株的向阳面或花丛中，捕食时前足抬高，扑向猎物，十分威猛。

霜斑素猎蝽 *Epidaus famulus* (Stål)　　猎蝽科 Reduviidae

体长 18~25 毫米，黄褐色至红褐色。前胸背板及腹板、中胸侧板及腹板、小盾片、后胸侧板及腹板、前翅、腹部第 2 节腹板、侧接缘第 5 节端部及第 6 节基部具大小与形状不一的白色蜡质粉被。前胸背板前叶中后部具 1 条近菱形的浅凹沟，后叶中后部的 2 枚刺及侧角刺较长。

习性：多在树木或灌木枝叶上活动。捕食性。

彩纹猎蝽 *Euagoras plagiatus* (Burmeister)　　猎蝽科 Reduviidae

体长约 13 毫米，淡黄褐色、鲜红色至暗红色。前翅爪片、革片内侧黑色；前翅革片前缘纵带浅黄褐色、黄褐色至红色；前翅膜片褐色，半透明。体表大部密被黄白色平伏短毛。前胸背板前叶具印纹，中后部中央纵凹；后叶中部较平坦，侧角刺从侧角上方斜向外伸，刺长，略向后弯曲，后缘近直。

习性：喜在植物枝叶上活动。捕食性。

短刺菱猎蝽 *Isyndus brevispinus* Breddin　　猎蝽科 Reduviidae

体长 20~30 毫米，近椭圆形。体黑褐色至黑色，密被平伏短毛。头端部、触角第 1 节亚端部环纹、第 2 节基部、第 3 节基部和端部、第 4 节端部、各足环纹、侧接缘的斑纹橘红色至红褐色，前胸背板前叶前部、后叶前部、革片中后部横纹灰黄色至黄褐色。前胸背板前叶具云纹，两侧突起明显，侧角刺状。雌性腹部侧接缘向两侧菱形扩展。

习性：生活在高大乔木上或灌木丛中，捕食各种昆虫。

毛足菱猎蝽 *Isyndus pilosipes* Reuter　　猎蝽科 Reduviidae

体长 25~34 毫米，近椭圆形。体浅褐色至褐色，密被平伏短毛。触角第 1 节亚端部环纹、第 2 节基半部、第 3 节基部和端部、第 4 节端部橘黄色，各足股节端部黑褐色至黑色。前胸背板前叶两侧突起较小，后叶具横皱纹，侧角刺状。雌性腹部侧接缘向两侧菱形扩展。

习性：捕食性，在乔木或灌木上捕食昆虫。平时蛰伏于植物上，捕食时行动迅速。

棘猎蝽 *Polididus armatissimus* Stål　　猎蝽科 Reduviidae

体长 10~11 毫米，淡棕色。腹部腹面两侧纵宽带黑褐色至黑色；前翅膜片有翅脉，前胸背板前叶，中、后胸侧板，胸腹板，小盾片，各足基节大部分深棕褐色。前胸背板前角呈短小刺状伸向前侧方；前叶短于后叶；前叶两侧中部各具 1 枚长刺，后部各具 2 枚较短长刺，周围具小刺；后叶两侧缘各具 1 枚长刺，后部中域具 2 枚长刺，周围具少数微小瘤突。

习性：多在植物上活动，捕食其他小昆虫和节肢动物。

红彩瑞猎蝽 *Rhynocoris fuscipes* (Fabricius)　　猎蝽科 Reduviidae

体长 12~18 毫米，长椭圆形。体红、黑二色，有光泽。触角第 1~2 节、前胸侧板前部和端部、小盾片基半部、中后胸侧板大部分和腹板、各足股节大部、胫节基部、前翅革片内侧和膜片、侧接缘基部黑褐色。前胸背板前叶云纹不明显，后叶中纵沟后半部较深。足黑色。

习性：捕食性。生活在草丛或灌木上，捕食小型节肢动物。

黄缘瑞猎蝽 *Rhynocoris marginellus* (Fabricius)　猎蝽科 Reduviidae

体长 12~14 毫米，长椭圆形。与红彩瑞猎蝽相似，体色主要为黑色，密被平伏短毛。色斑变化大，复眼间暗红色。前胸背板前叶有暗红色区域，后叶后缘黄色。各足股节暗红色，侧接缘主要为黄色，各节前端有黑色斑。

习性：成虫和若虫都生活在灌木的叶片、茎秆等处，捕食小昆虫。

轮刺猎蝽 *Scipinia horrida* (Stål)　猎蝽科 Reduviidae

体长 10~12 毫米，近似椭圆形。体褐色，头背面基部黑色，翅膜片青铜色，侧接缘第 5、6 节间和第 7 节端部黑色。头背面每边具 3 枚直立长刺。前胸背板前叶具刺，后叶具粗密刻点。小盾片顶端刺状。前足股节粗大，有瘤状突起，端部有 1 枚大刺。中、后足股节端部结节状。

习性：捕食性。可栖息于各类叶片表面，捕食各种小昆虫。

斑腹雅猎蝽 *Serendus geniculatus* Hsiao　　猎蝽科 Reduviidae

体长约 17 毫米，长椭圆形。体褐色，身体腹面和各足黄色，头、各足股节顶端、前足胫节（除顶端外）、中后足胫节基部 2/3 略显红色。单眼之间有 1 条黄色纵纹。前胸背板侧角刺状。小盾片两侧宽圆，顶端尖锐。前翅长，超过腹部末端，膜片较大。

习性：捕食性。生活在乔木或灌木上，捕食各种昆虫。

黄带犀猎蝽 *Sycanus croceovittatus* Dohrn　　猎蝽科 Reduviidae

体长 23~25 毫米，纺锤形。体黑色，光亮，被短毛。头细长，约为前胸背板与小盾片长度之和。前胸背板前叶短小，后叶宽大。小盾片中部有 1 个顶端分叉的刺突。前翅革片中部至膜片边缘有深黄色或黄白色横带。侧接缘向两侧强烈扩展，上翘，表面泡突状。

习性：捕食性。常见于林区树木上。卵产于叶背面或枝条上，块状。以若虫越冬。

革红脂猎蝽 *Velinus annulatus* Distant　猎蝽科 Reduviidae

体长 14~18 毫米，椭圆形。色泽鲜艳，身体上有红、黄、绿、黑、白等多种颜色。触角和各足胫节黑色，触角第 1 节有 3 个黄色环斑，胫节基部有 2 个绿色环斑，股节有 5 个黑色环斑。前胸背板前叶、各足基节和股节绿色。头部黑色，有绿色小斑。前胸背板后叶黄色，前翅革片红色。小盾片端部圆钝，端突不明显。股节结节状。前翅超过腹末。

习性：捕食性。生活在灌木丛上。图示为雌雄交配状。

盾猎蝽 *Ectrychotes* sp.　猎蝽科 Reduviidae

体型中等。体红、黑二色，头、胸、足主要为红色，体表具金属光泽。头较圆。触角 8 节，触角基下方具盾角片。小盾片有 3 个端突，中间 1 个较小。翅黑色，较小，不达腹部末端，但超过腹部之半。腹部侧接缘红、黑二色，侧接缘弧形向两侧斜上方扩展。

习性：生活在地表土石间的隐蔽处，捕食马陆类动物。夜间有趋光性。

沙坝赤猎蝽 *Haematoloecha chapana* Distant　猎蝽科 Reduviidae

体长 10~12 毫米，椭圆形。体黑、红二色，以黑色为主。单眼红色，前胸背板前叶红色，后叶两侧红色，前翅前缘基部红色，腹部侧接缘红色。触角被稀疏细长直毛，身体其他部位光亮无毛。小盾片具端突 2 个。前足股节腹面具齿突。侧接缘向两侧斜上方弧形扩展。

习性：生活在地表土壤、岩石的缝隙或枯枝落叶间，捕食马陆类动物。

云南达猎蝽 *Tamaonia yunnana* Hsiao　猎蝽科 Reduviidae

体长约 10 毫米，长椭圆形。体红、黑二色，体表多皱纹，被疏散柔长毛。前胸背板两侧、小盾片、前翅前缘基半部、侧接缘红色。头前伸，较长。复眼向两侧突出。触角环生长毛。前胸背板前叶具刻纹，后叶具皱纹。小盾片有 3 个端突。前翅膜片较发达。侧接缘扩展不明显，各节后角具瘤突。

习性：生活在石缝、枯枝落叶间，捕食马陆。夜间活动较多。

连斑荆猎蝽 *Acanthaspis picta* Hsiao

猎蝽科 Reduviidae

体长 18~20 毫米，黑褐色至黑色。前胸背板后叶的斑纹、小盾片两侧及端刺、前翅革片基部及亚端部的横斑、大部分翅脉、各足股节与胫节上的环纹、侧接缘各节端半部淡黄色至暗黄色，膜区中室外具浅色斑。前胸背板前叶短于后叶，具浅印纹。

习性：多栖息于雨林中大的倒木树皮下。捕食性。

红荆猎蝽 *Acanthaspis ruficeps* Hsiao

猎蝽科 Reduviidae

体长 19~21 毫米，长椭圆形。体红、黑二色，被灰黄色毛。触角黑色。前胸背板有 3 个纵长形黑斑。各足股节中部有大块黑斑。翅折叠状态时，前翅中部与小盾片构成 1 个圆形的黑色区域。革片端部黑色。膜片黑色，透明。前胸背板侧角尖。小盾片端部刺长，并稍向上弯。侧接缘弧形扩展。

习性：地栖，生活在各种缝隙中，捕食地表的昆虫。常于夜间外出活动。

刺胸猎蝽 *Pygolampis* sp.

猎蝽科 Reduviidae

体型中等，长梭形。全身枯草色，被浅色毛，体色和体形有较强的伪装性。头两侧平行，颈部不明显。复眼黑色。眼后方具侧刺列。触角第1节与头约等长。前胸背板梯形，腹面前角突出呈刺状。前翅短，不达腹部末端。足细长。

习性：多生活在枯草附近、石块下等处，捕食各种小昆虫。有趋光性。

盾普猎蝽 *Oncocephalus scutellaris* Reuter

猎蝽科 Reduviidae

体长约20毫米，梭形。体黄褐色，触角、头部两侧、单眼后方、前胸背板纵向条带、前胸背板两侧、前足股节内侧、前足和中足胫节3个环纹、小盾片、前翅爪片色斑、中室及膜片外室色斑、腹部腹面色斑、腹部侧接缘斑点褐色。前胸背板前角尖锐，向两侧突出；侧突显著；侧角尖锐，向外伸出，超过前翅前缘。

习性：生活在林区。白天少见，夜间活动频繁。

娇梭猎蝽 *Sastrapada baerensprungi* (Stål) 猎蝽科 Reduviidae

体长约 15 毫米，细长。体浅黄褐色。头顶两个触角基间有向内弯曲的长刺。复眼着生在头中部两侧，复眼间横缢明显，横缢位于头中后部。前足股节加粗，腹面有两列刺。腹部第 6 节背板后缘弧形，向内凹陷；后角向后突出，稍向外扩张。

习性：生活在地表草丛或低矮灌丛间，捕食小昆虫。有趋光性。

小锤胫猎蝽 *Valentia hoffmanni* China 猎蝽科 Reduviidae

体长约 15 毫米，长椭圆形。体褐色。翅上有深色的不规则斑。触角有 1 段黄色环斑。侧接缘黄色、褐色相间排列。前足胫节端部叶状扩展。前胸背板后侧角有长刺。小盾片端部有翘起的长刺。股节腹面近端部有 1 枚刺。侧接缘各节后角有 1 枚刺。

习性：生活在灌丛叶表。捕食性。受惊扰时会做短距离的飞行。

黑哎猎蝽 *Ectomocoris atrox* (Stål)

猎蝽科 Reduviidae

体长16~20毫米。体黑色，前翅黑褐色至浅黑色，膜片内室有1个黄色大斑，斑的基部及外室均为深黑色。中、后足股节基半部、胫节基部、各足跗节及腹部侧接缘各节端半部呈淡黄色至褐色。前胸背板前叶后部中央具浅纵纹；小盾片末端尖细，略微上翘。

习性：白天多藏匿于石块下、裂缝中等隐蔽场所，夜间活动。

黄纹盗猎蝽 *Peirates atromaculatus* (Stål)

猎蝽科 Reduviidae

体长15~16毫米。体黑色，光亮。复眼黄褐色至黑色。前翅革片中部具纵走黄色至红褐色带纹，膜区内室的小斑及外室的大斑均为深黑色。触角第2、3、4节及各足胫节端部和跗节黑褐色。头前部渐缩，向下倾斜。前胸背板具纵、斜印纹。

习性：多在地表活动，白天常藏匿于石缝中。捕食性。

黄足直头猎蝽 *Sirthenea flavipes* (Stål)

猎蝽科 Reduviidae

体长 17～22 毫米，黑褐色，光亮。头、前胸背板前叶黄色至黄褐色，翅革片基部、爪片两端、膜片端部、足、腹部侧接缘斑点均为土黄色，单眼周围及其前缘横缢黑色。与指名型相比，断斑型前翅革片黑色部分较多，将黄斑分开。头平伸，头的眼前部分显著长于眼后部分。

习性：地栖性，白天多在石缝间栖息，夜间活动频繁。

异姬蝽 *Alloeorhynchus* sp.

姬蝽科 Nabidae

体型较小，长椭圆形。体以黑色为主，体表覆盖细毛，胸部的毛较稀疏。各足股节基部黄白色，其余黑色部分有淡色不规则斑，跗节颜色浅。前翅革片基半部有白色三角形斑。膜片黑褐色，半透明。触角 4 节，具单眼。前、中足股节腹面中央齿状或角状扩展。侧接缘黑、白二色相间。

习性：生活在灌木、草丛等的叶片上，捕食各种较小的昆虫。

高姬蝽 *Gorpis* sp. 姬蝽科 Nabidae

体型中等偏小，瘦长，较细弱。身体以褐色为主，腹面多为绿色。全身被浅色细毛。触角第 1 节较长，长于前胸背板。前胸背板前、后叶分界明显，后叶刻点显著。前足为捕捉足，股节膨大。前翅前缘直，膜片大，翅脉不明显。

习性：捕食性，常于灌木或乔木上吸食小昆虫。行动敏捷。

金鸡纳角盲蝽 *Helopeltis cinchonae* Mann 盲蝽科 Miridae

体长 5~6 毫米，窄长。体红褐色，表面光亮。头小。触角稍长于身体，第 1 节远短于头和前胸背板之和。小盾片上有 1 个直立棒状突，顶端膨大呈球状。足黄褐色，股节具结节状隆起和黑色环状纹。前翅暗褐色，半透明，膜片尖端有月牙形透明斑。腹部红色，末端 3 节颜色较暗。

习性：在植物叶片上活动。吸食植物汁液，可为害可可的果荚。

曼盲蝽 ***Mansoniella* sp.**　盲蝽科 Miridae

体长不超过 10 毫米。体以橙红色为主，前翅革片中部、楔片、膜片半透明，膜片中部有黑色斑。小盾片具黄白斑。足半透明，股节和胫节相接处及周围散布红色斑。头小，圆柱形。复眼较大，黑色。头后部缢缩，颈部明显。触角第 1 节粗短，第 2 节最长。前胸背板前叶明显小于后叶。楔片较长。

习性：生活在低海拔山区，在植物叶片上活动。植食性。

束盲蝽 ***Pilophorus* sp.**　盲蝽科 Miridae

体型小，狭长，外形似蚂蚁。体橘黄色，楔片具 2 个蓝黑色圆斑。颊低，头后缘靠近前胸背板。前胸背板略呈梯形。小盾片、革片、爪片的一部分有簇生的白色鳞状毛，形成带斑。爪垫缺失。腹部基半部细束，端部沿楔片缝强烈下倾。

习性：植食性。生活在乔木或灌木上。因其独特的拟态，能在遍布黄猄蚁等蚂蚁的植株上生活。

冠网蝽 *Stephanitis* sp.　网蝽科 Tingidae

体长约 3 毫米，体色如玻璃状半透明。头兜顶端、前胸背板两侧突起的后缘、中纵脊外缘有黑纹。前翅具“X”形深色纹。头部前端略尖。触角细长，被毛，约与前翅等长。头兜长，大而宽，前端尖锐侧扁，将头完全遮盖于其下。前胸背板侧板宽，叶状强烈扩展并上翘。

习性：生活在乔木叶片上。植食性，吸食叶片中的汁液。成虫和若虫混居。

琼无脉扁蝽 *Aneurus hainanensis* Kormilev　扁蝽科 Aradidae

体长约 5 毫米，长椭圆形，扁平。体棕褐色。前翅膜片透明。头前端伸达触角第 1 节端部。触角第 1 节显著加粗，近球形；第 2 节棒状，第 3 节端部稍加粗，第 4 节长筒形。前胸背板侧缘明显向内弯曲；前角突出，明显超过领的前缘。头、胸、小盾片有指纹状纹路。

习性：常在树皮下生活，有时可被灯光引诱。菌食性。

粤无脉扁蝽 *Aneurrus sublobatus* Kormilev　　扁蝽科 Aradidae

体长约 5 毫米，长椭圆形，扁平。体褐色。头顶具横皱纹。眼后刺钝，不伸达眼的外缘。喙的基部前方开放。触角基外侧前端钝圆。前胸背板侧缘几乎斜直；前角钝圆，稍突出。小盾片顶端宽圆。前翅革片仅达小盾片中央。侧接缘无横皱纹，各节后角不突出。

习性：通常生活于枯木或枯树皮下面。吸食菌丝的汁液。

尤瘤扁蝽 *Arictus usingeri* Kormilev　　扁蝽科 Aradidae

体长约 9 毫米，长椭圆形，扁平。体深褐色，体表具瘤状粗颗粒，局部有刺状小瘤。触角第 1 节端部膨大，第 2 节很短，第 3 节很长，第 4 节鸭梨形。喙基部前方不开放。前胸背板四边形，领明显，两侧具突起，向前延伸达眼的后方，侧缘中央深深向内凹入。侧接缘较宽，各节后角略突出。

习性：在枯木与树皮下生活，1 年发生 2 代。在地表碎屑、树皮下或树木裂缝中越冬。

白氏短翅鬃扁蝽 *Brachybarcinus baianus* Heiss　扁蝽科 Aradidae

体型小，扁平。身体大部分褐色。复眼红色。前胸背板淡黄色。触角第 1 节稍粗。小颊超过中叶，分开。触角基部具齿。前胸背板侧角扩展，具 1 个明显的突起。侧接缘呈齿状突起，后角颜色略浅。

习性：菌食性。成虫和若虫群居，生活在树皮缝隙中。

萧喙扁蝽 *Brachyrhynchus hsiaoi* (Blöte)　扁蝽科 Aradidae

体长约 12 毫米，长椭圆形，扁平。体深褐色。头前端伸达触角第 1 节中央。眼后刺较短钝。前胸背板具稀疏粗颗粒，领发达，前叶较窄。小盾片中央纵脊不明显。侧接缘外侧有纵向皱纹，第 7 节后角稍缩短；第 8 节侧叶细，明显外露。

习性：在枯木的树皮下生活，1 年发生 2 代。取食菌类。行动缓慢。

山喙扁蝽 *Mezira montana* (Bergroth)

扁蝽科 Aradidae

体长约 9 毫米，长卵形，扁平。体棕黑色，具棕色卷曲短毛。头长宽相等，颊在中叶前汇聚，伸达触角第 1 节末端。前胸背板领明显，前叶明显窄于后叶。小盾片三角形，中央纵脊清楚。前翅革片顶角钝，超过侧接缘第 3 节中央，膜片黑色，半透明。侧接缘各节后角黄褐色，略突出。

习性：以菌类为食。大多群居，生活在树皮下或树木的缝隙中。

海南脊扁蝽 *Neuroctenus hainanensis* Liu

扁蝽科 Aradidae

体长约 8 毫米，长卵形，扁平。体棕色。触角基齿形，前端向外分离。眼后刺明显，超过眼外缘。触角第 1 节粗壮，超过头前端。前胸背板前角微扩展，超过领的前缘，侧缘在中央前方凹入。小盾片较发达，三角形。各足股节较膨大，具刺状小突起。侧接缘具隆脊。

习性：1 年发生 2 代，在地表碎屑、树皮下或树木裂缝中越冬。成虫会被灯光引诱。

台湾脊扁蝽 *Neuroctenus taiwanicus* Kormilev 扁蝽科 Aradidae

体长约 7 毫米，长椭圆形，扁平。体锈红色，复眼红色。前翅革片黑色，膜片半透明，基部浅黄色。头长与宽约相等，头前端伸达触角第 1 节末端。眼后刺钝，不伸达眼的外缘。前胸背板前角简单，侧缘常凹入。小盾片三角形，侧缘具隆脊。

习性：一般在枯树皮下面生活，多群居。以菌类为食。

大尤扁蝽 *Usingerida tuberosa* Hsiao 扁蝽科 Aradidae

体长约 9.5 毫米，宽卵形。体暗棕褐色。头稍长于宽，颊在中叶前方明显突出，前端具深切口。眼后刺长，稍向前弯曲，明显超过眼外缘。触角第 1 节略超过头前端，喙伸达前胸腹板前缘。前胸背板前叶有 4 个突起，中央 2 个较大；前角极扩展；后叶有 6 个并列圆形突起，侧角前方有 1 个显著的圆叶状突起。小盾片三角形，中央具宽纵脊。膜片粗糙，翅脉不清晰。

习性：群居于枯木或枯树皮下面。菌食性。

山地杨扁蝽 *Yangiella montana* Zhang, Bai, Heiss et Cai　扁蝽科 Aradidae

体长 6~7 毫米，长椭圆形，十分扁平。体棕黑色，前翅膜片透明。头腹面前端向上曲折。前胸背板侧缘凹陷处无锯齿。各足胫节不短于股节。侧接缘边缘中央不凹陷成双层，中侧光滑区与背板中部不被隆脊分开，第 7 腹板两侧后缘呈角状弯曲。

习性：常见于山区树皮下。菌食性。行动缓慢。

云南宽边蝽 *Agathocles yunnanensis* Zhang et Lin　蝽科 Pentatomidae

体长约 23 毫米，卵圆形。体黑褐色，刻点密而粗。触角末节橙红色。头部侧叶长于中叶，并在中叶末端分开。前胸背板和小盾片具许多不规则的皱纹。前胸背板前缘中段有隆起，体背面具若干橙红色细碎斑点，革片前缘基部橙红色。

习性：植食性。生活在灌木丛或树上。

长叶蝽 *Bolaca unicolor* Walker

蝽科 Pentatomidae

体长 14~15 毫米，椭圆形。体灰褐色至黑褐色，密布黑色刻点。头侧叶狭长，侧缘近端部具 1 个突起。触角黄褐色，第 1 节散布黑色斑点，第 4、5 节端半部黑色。前胸背板前侧缘锯齿状，胝区光滑。小盾片基缘有一些光滑小斑。前翅革片具波曲的光滑细线，膜片淡褐色。侧接缘显著外拱。腹部腹面黄褐色，密布黑色小点。

习性：植食性。生活在山桃、核桃、槭、大豆或悬钩子等植物上。

红角辉蝽 *Carbula crassiventris* (Dallas)

蝽科 Pentatomidae

体长 7~8 毫米，盾形。体污黄褐色，密布黑刻点，有时有铜色光泽。头部中叶与末端平齐。触角第 1~4 节黄褐色，第 5 节红褐色。前胸背板前侧缘具乳黄色斑，侧角略向上翘起，末端圆钝，呈棕红色。各足浅绿色，散布黑色斑点，跗节红褐色。

习性：植食性。吸食水稻、马铃薯等多种植物汁液。

红显蝽 *Catacanthus incarnatus* (Drury)

蝽科 Pentatomidae

体长约 27 毫米，椭圆形。体黄色或淡红褐色，不同个体色斑多变化。头侧叶和中叶端部有细微横皱纹。头、触角、前胸背板前缘、小盾片基角、革片上的横斑黑色，侧接缘黑、白相间，膜片黑色。前足胫节向端部逐渐膨大，后足胫节稍向外弓曲。腹部腹面中央具纵脊。

习性：植食性。生活在植物叶片上。夜间可被灯光引诱。

背线疣蝽 *Cazira breddini* Schouteden

蝽科 Pentatomidae

体长 8~9 毫米，椭圆形。体淡灰色至黑褐色，不少个体头部前端至小盾片末端常具 1 条淡色背中线。头侧叶基部和复眼后部的颜色深，常有墨绿色光泽。前胸背板侧角仅最末端伸出。小盾片中间有 2 个大的瘤突，末端匙状卷起。中、后足股节近端部具刺突。前翅膜片褐色，透明。

习性：捕食性。多在叶片上活动，以鳞翅目幼虫、叶甲等为食。

象蝽 *Cecyrina* sp.

蝽科 Pentatomidae

体型中等偏小，长椭圆形。体以黑色为主，具大量不规则的黄褐色斑。头基部中线、前胸背板侧角、小盾片基角小斑、小盾片末端、前翅革片的散斑等淡黄褐色，前翅膜片黑色。头侧叶强烈前伸，远长于中叶，前胸背板侧角圆钝，不伸出。前足胫节外侧强烈扩展，呈叶片状。

习性：生活在林间。捕食性。停歇时喜欢将前足向前伸出。

岱蝽 *Dalpada oculata* (Fabricius)

蝽科 Pentatomidae

体长 14~18 毫米，椭圆形。体黄褐色，有由密集黑刻点组成的不规则黑斑，密布全身。头侧叶与中叶等长。前胸背板隐约具 4~5 条粗黑纵带，前侧缘粗锯齿状；侧角翘起，黑色结节状，末端圆钝。小盾片基角黄斑圆形，大于复眼；末端黄色。前足胫节叶状扩展。侧接缘黄黑相间。

习性：植食性。常在柑橘、油茶等植物上活动。

麻皮蝽 *Erthesina fullo* (Thunberg)　　蝽科 Pentatomidae

体长 21 ~ 25 毫米，椭圆形或盾形。体以黑色为主，全身密布刻点，体背面散布若干黄色小斑点。从头端部至小盾片基部有 1 条黄色的纵中线。头部侧缘、腹部各节侧接缘中央、触角末节基部、胫节中部黄色。前足胫节叶状扩展。

习性：成虫和若虫食性相同。可吸食柳、槐、合欢、臭椿、法国梧桐、梓树等的汁液。

菜蝽 *Eurydema dominulus* (Scopoli)　　蝽科 Pentatomidae

体长 6 ~ 8 毫米，椭圆形。体黄色、橙色或橙红色，具大片的黑斑。头黑色。前胸背板有 6 个黑斑，前排 2 个，后排 4 个。小盾片基部中央有 1 个三角形大黑斑，近端部两侧各有 1 个小黑斑。前翅革片内侧和爪片黑色，近端角处各侧有 1 个三角形黑斑。侧接缘黄黑相间。

习性：植食性。生活在十字花科植物上，菜地常见。

红角二星蝽 *Eysarcoris rosaceus* Distant

蝽科 Pentatomidae

体长约7毫米，短宽紧凑。体褐色，密布刻点。头较长，常有1条明显的淡色中线纵贯全长。前胸背板胝区黑色，后方光滑，似1条淡色边缘。前胸背板侧角伸出较长，末端和前缘红黑色。小盾片基角黄斑大，椭圆形。身体后半部宽圆。

习性：吸食扁豆等。在叶片或茎秆上活动。

黄肩青蝽 *Glaucias crassus* (Westwood)

蝽科 Pentatomidae

体长约16毫米，椭圆形。体绿色，具油状光泽。头、前胸背板前部、前翅外缘基部和侧接缘黄色。触角绿色，第3~5节端部黑色。腹面和足绿色。前胸背板前侧缘略向外弧形弯曲，前半黄色部分与后半绿色部分由1行黑色刻点分隔，界线明显。小盾片长度约占腹部的3/4。

习性：植食性。吸食茶树、果树、风景树等的汁液。夜间趋光。

长棘玉蝽 *Hoplistodera longispina* Hsiao et Cheng　　蝽科 Pentatomidae

体长约7毫米，宽短紧凑。体黄色略带微红色，密布刻点。触角红褐色。前胸背板有1条隐约的淡色中纵线；侧角长，较细而直，向端部逐渐变尖，略向上翘起，颜色较淡。小盾片有浅白色的纵带。各足半透明。

习性：生活在草丛中。植食性。是较少见的种类。

秀蝽 *Neojurtina typica* Distant　　蝽科 Pentatomidae

体长13~16毫米，椭圆形。体黄绿色。复眼、单眼红色，触角第5节基半部橙色，头背面、前胸背板前半部、前翅革片外域和各足皆绿色。前胸背板后半部、小盾片、前翅革片褐色，密布黑色刻点。前胸背板前、后部分界线明显，侧角不明显。

习性：生活在灌木丛或乔木上。植食性。夜间可被灯光引诱。

真蝽 *Pentatoma* sp.

蝽科 Pentatomidae

体型中等，椭圆形。体背面几乎全为红褐色，密布深色刻点。触角黄色，从第 2 节开始，端部的黑色区域渐多，到第 5 节约占一半。足黄色。前胸背板具隐约的中纵脊，前侧缘内凹，边缘呈浅锯齿状，前角呈小尖角状斜伸；侧角伸出，末端平截。小盾片末端颜色浅。腹部侧接缘各节黄、黑相间。前翅膜片透明。

习性：植食性，吸食植物汁液。多生活在树上。

中纹真蝽 *Pentatoma distincta* Hsiao et Cheng

蝽科 Pentatomidae

体长约 15 毫米，椭圆形。体黄绿色，略具光泽，具稀疏刻点。头部中央金绿色或紫绿色，两侧淡黄褐色。喙黑色，伸达第 5 腹节前端。小盾片金绿色，有形如“中”字的黄绿色花纹，末端淡黄色。侧接缘淡黄白色。身体腹面黄白色，腹部基部突起短钝。

习性：植食性。生活在植物叶片上。夜间有趋光性。

黑益蝽 *Picromerus griseus* (Dallas)

蝽科 Pentatomidae

体长 11~15 毫米，椭圆形。体黑褐色，具黑色刻点。前胸背板侧角末端二叉状。小盾片基角黄斑不显著。各足股节黑褐色，胫节黄褐色且端部颜色加深。前足股节腹面中间有 1 枚大刺。前翅膜片烟褐色，伸达或稍超过腹部末端。侧接缘一般全黑，少数具隐约小黄斑。

习性：捕食性。在叶面活动，捕食鳞翅目幼虫。

莽蝽 *Placosternum* sp.

蝽科 Pentatomidae

体型较大，粗壮，宽椭圆形。体黄绿色，密布不均匀的、由黑色刻点组成的斑纹。触角黑色，各节两端淡色。前胸背板侧角向前侧方伸出很多，末端黑褐色，有 3 个明显突起。侧接缘各节前后缘深色，中央黄绿色。前翅膜片淡褐色，翅脉和膜片上的一些小点斑深色。

习性：生活在高大乔木上，吸食植物汁液。有较迷惑性的拟态。可被灯光引诱。

景东普蝽 *Priassus exemptus* (Walker)

蝽科 Pentatomidae

体长约 8 毫米，椭圆形。体浅黄白色。头部和前胸背板前半部红色。头基部黄色，无黑色刻点。前胸背板侧缘与前缘大部分红色，其间密布黑色刻点，其余为黄色；侧角短小。翅革片外域的 1 列黑色刻点被白色环绕，翅几乎透明。足透明。侧接缘黄色。

习性：植食性。生活在乔木上。夜间可被灯光引诱。

长叶萨蝽 *Sarju taungyiana chapa* Ghauri

蝽科 Pentatomidae

体长 11～17 毫米，长椭圆形。体棕褐色至黑褐色。侧叶较中叶稍长，并在前端有会合的趋势。前胸背板前侧缘前半锯齿宽圆而浅，侧角钝圆。小盾片基角黄斑新月状，不显著；端部黄白色，具黑色刻点。足股节和胫节密布小黑点。

习性：植食性。在灌木或乔木上活动。

丸蝽 *Sepontia variolosa* (Walker)

蝽科 Pentatomidae

体长 2~3 毫米，圆球形。体淡黄色，有黑褐色晕斑，散布黑褐色浅刻点。头黑色。前胸背板胝区黑。小盾片几乎完全覆盖腹部背面，只露出前翅革片的极小部分，基部黑色，有一横排 3 个黄白色圆斑，中央有 1 个黑斑与基部黑色区域相接。体腹面漆黑，足黄褐色。

习性：植食性。卵散生。个体微小，生活环境隐蔽。

翘同蝽 *Anaxandra* sp.

同蝽科 Acanthosomatidae

体中到大型，椭圆形。体以绿色为主，前胸背板后半部褐色，侧角黑色。前翅革片内侧和爪片褐色。小盾片基部有尖形褐纹，使小盾片的绿色呈心形。触角第 2 节通常长于第 3 节。前胸背板侧角强烈伸展，并向前、向上翘起。中胸腹板隆脊极长，前端尖削，超过头部腹面中央。跗节 2 节。

习性：植食性。生活在草丛或树上。多白天活动。

斑娇异蝽 *Urostylis tricarinata* Mae

异蝽科 Urostylidae

体长 12 毫米，椭圆形。体绿色，头、触角和各足胫节、跗节红色。触角第 2 节中部、第 3 节、第 4~5 节端半部黑色。小盾片周围区域褐色。前翅膜片褐色，半透明。身体背面刻点深而密。触角第 1 节较其他各节短而粗，短于头与前胸背板之和，中部略向内弯曲。

习性：生活在乔木上。植食性。

盲异蝽 *Urolabida* sp.

异蝽科 Urostylidae

体型中等，长椭圆形，背腹略扁平。体鲜绿色，足和触角墨绿色。前胸背板后半部白色，后缘有 1 列黑色刻点。前翅前缘白色。头小，中叶顶端略向前突出。无单眼或单眼退化成新月形。喙不伸达中足基节。前胸背板约与腹部等宽。前翅膜片具明显而粗的纵脉。足细长。

习性：生活在叶片上。植食性，吸食多种植物。

棕带盲异蝽 *Urolabida lineata* Hsiao et Ching

异蝽科 Urostylidae

体长 11~12 毫米，长椭圆形。体以绿色为主。头褐色，复眼红色。触角第 1、2 节基部红褐色，第 2、3 节黑褐色；第 4、5 节基半部浅色，端半部黑褐色。前胸背板基缘有 1 条由褐色刻点组成的横带，四周黑色。小盾片褐色。前翅爪片内缘黑色；膜片深褐色，内角无色。足绿色。体腹面土黄色。雌虫生殖节鲜红色。

习性：生活在乔木上，吸食植物汁液。

娇异蝽 *Urostylis* sp.

异蝽科 Urostylidae

体型中等，椭圆形或梭形，背腹扁平，身体纤弱。多为绿色，身体两侧有黄边。触角淡红色。具单眼，复眼红色。触角 5 节，细长，第 1 节较粗，略弯曲，长度等于头长的 2 倍或头与前胸背板之和，其余各节较细。膜片透明，超出腹末许多，具 7 条纵脉。

习性：生活在高大树木上。植食性，多吸食壳斗科植物。

斑足平龟蝽 *Brachyplatys punctipes* Montandon

龟蝽科 Plataspidae

体长 7~9 毫米，圆形。体黑色，油亮，具浓密的细小刻点。头背面稍具皱纹，有 6 或 7 个黄色斑点。触角基部浅色，向端部渐深。前胸背板侧缘黄色，近前缘中部有 1 条弯曲的黄色横纹。小盾片基部具 4 个黄色斑点，两侧和后缘具 2 条黄线。腹部腹面中央黑色，光亮，两侧各具 2 个长三角形黄色横带，各横带上有 1 个小黑点。

习性：植食性。寄主植物为甘葛藤。成虫和若虫常群聚。

筛豆龟蝽 *Megacopta cribraria* (Fabricius)

龟蝽科 Plataspidae

体长 4~6 毫米，宽卵圆形。体草绿色或草黄色，具褐色粗糙刻点。头前端圆形，中叶前端较窄，侧叶长于中叶并在中叶前方互相接触，中叶与侧叶的边缘黑色。腹面黄色，触角黄色。前胸背板具 2 条黑色弯曲横纹。小盾片很大，覆盖整个腹部背面，前翅仅在两侧露出边缘。

习性：植食性。成虫和若虫喜群聚在豆科植物上吸食汁液。

丽盾蝽 *Eucorysses grandis* Thunberg　盾蝽科 Scutelleridae

体长 16~24 毫米，椭圆形。色斑富于变化，体淡黄白色、黄褐色至橙色不等。头基部与中叶黑色。前胸背板有 1 个黑斑。小盾片基缘黑色，前半部中央有 1 个黑斑，中央两侧各有 1 个短横黑斑。触角、足黑色。腹部腹面基节和其后各节的后半部黑色。

习性：植食性。吸食荔枝、龙眼、番石榴等植物的汁液。

鼻盾蝽 *Hotea curculionoides* (Herrich-Schäffer)　盾蝽科 Scutelleridae

体长 8~10 毫米，宽短。体黄褐色。体表密被黑色浅刻点，常在前胸背板与小盾片上组成深浅相间的图案。触角第 3、4 节端部白色。身体背面有 3 条模糊的白色纵带。足黑色。头尖，三角形，向下倾斜。前胸背板侧角略伸出，末端不尖锐。

习性：植食性，吸食棉花、锦葵等植物汁液，并在其上活动。

亮盾蝽 *Lamprocoris roylii* (Westwood) 盾蝽科 Scutelleridae

体长 9~10 毫米，椭圆形。体金绿色或灰绿色，具极为鲜亮的金属光泽。前胸背板纵中线两侧具 3 条不平行的深色斜纹。小盾片基部隆起部分有 3 个深色点，其后为倒“八”字形斜横斑，接着为 4 个深色斑点，顶端有 1 个横斑。足金绿色。侧接缘鲜红色。

习性：植食性。生活在灌木上。有假死性。

角胸亮盾蝽 *Lamprocoris spiniger* (Dallas) 盾蝽科 Scutelleridae

体长 12~15 毫米，宽椭圆形。体银紫色，有强烈的金属光泽。触角黑色。喙黑色，伸达第 2 可见腹节。前胸背板侧角呈小尖角状，明显伸出。小盾片表面略具横皱。侧接缘红褐色，每节有 1 个蓝黑色小圆斑。身体腹面金属蓝绿色。

习性：植食性。生活于乔木或灌木上。多白天活动。

尼泊尔宽盾蝽 *Poecilocoris nepalensis* (Herrich-Schäffer) 盾蝽科 Scutelleridae

体长 16~21 毫米，椭圆形。体橙红色至红褐色。头黑，侧缘稍内凹。触角蓝黑色。喙蓝黑色，超过后足基节。前胸背板前侧缘黑色，稍具卷边，中部有两块大黑斑，侧角不显著。小盾片常有 10 个黑斑。腹面中部黄红或红色，其余部分黑色。

习性：植食性，主要取食油茶、朴树等。

油茶宽盾蝽 *Poecilocoris latus* Dallas 盾蝽科 Scutelleridae

体长 16~20 毫米，宽椭圆形。体黄色、橙黄色或黄褐色，具蓝色或蓝黑色斑。头蓝黑色。前胸背板共有 4 个黑斑，后边 1 对较大。小盾片上共有 7~8 个黑斑，基部中央为 1 个大型横列斑，或分为 2 个，这些黑斑常围以橙红色边。触角和足蓝黑色。体腹面橙黄色。

习性：植食性。成虫和若虫吸食油茶或茶树的汁液。

黄宽盾蝽 *Poecilocoris rufigenis* Dallas

盾蝽科 Scutelleridae

体长 16~22 毫米，宽椭圆形。头基部和中叶、触角、足黑色，体色变化剧烈：前胸背板中部有时具横卧的“日”字形纹并有 1 对黑斑，有时为黄色至黄褐色而无明显斑纹。小盾片基部、基半部和端半部具 1 对黑斑，中部有 1 条横斑带，斑纹可多达 10 个，可互相连接，斑块界线模糊，有金绿色边缘，或只在小盾片各侧边缘中部有 1 个小黑斑。腹面具金属色。

习性：植食性。生活在林木上。日间活动较多。

黑腹兜蝽 *Coridius nigriventris* (Westwood)

兜蝽科 Dinidoridae

体长 16~20 毫米，椭圆形。体黑褐色。前胸背板和小盾片表面有许多不规则的横皱，大多平行。触角前 4 节黑色，第 5 节多为橘红色或黄色。外观极似九香虫（*C. chinensis*），但腹部侧接缘区域完全黑色，即使有黄斑，也十分模糊。

习性：植食性。吸食瓜类植物汁液。

短角瓜蝽 *Megymenum brevicornis* (Fabricius)

兜蝽科 Dinidoridae

体长 13~16 毫米，椭圆形。体灰褐色，表面粗糙，触角末端橙色，前翅膜片土黄色。头方形；侧叶长，在中叶前合并成的缝远长于中叶，约为后者的 2 倍；触角第 2、3 节扁平。前胸背板表面凹凸不平；前角突出，较尖锐；前侧缘凹折强烈。腹部侧接缘各节呈角状，向外突出。

习性：植食性。寄主植物有黄瓜、南瓜等。日间活动较多。

革土蝽 *Macroscytus* sp.

土蝽科 Cydnidae

体长约 10 毫米，椭圆形。体褐色至黑色，光滑油亮，具刻点。头宽约为长的 2 倍，前端宽圆形，具刚毛。触角长于前胸背板，各节均长于前一节。前胸背板宽于长的 2 倍，中央前方及后缘光滑平整。小盾片刻点较多。各足胫节具刺列。前翅膜片褐色透明。

习性：在地表落叶层、地被物下生活。植食性，吸食植物根系或种子的汁液。夜间有趋光性。

异色巨蝽 *Eusthenes cupreus* (Westwood) 荔蝽科 Tessaratomidae

体长25~30毫米，盾形。体绿色，具油亮光泽。触角第4节端部黄褐色。前胸背板和小盾片有较浅的横皱。雄虫后足股节近基部有1个大的刺突，雌虫无。侧接缘各节基部1/4凹凸不平且颜色加深，四周有深色边。腹面黄褐色。

习性：植食性。吸食板栗、油桐等植物汁液。

玛蝽 *Mattiphus splendidus* Distant 荔蝽科 Tessaratomidae

体长21~26毫米，宽卵圆形。头黄褐色或金绿色。触角第1、2节棕褐色，向端部颜色渐深，第3、4节相接处白色。前胸背板、小盾片两侧、前翅革片侧缘和端缘附近金绿色。前翅革片大部棕褐色，膜片褐色。小盾片具显著横皱纹，末端白色。侧接缘各节前半部黄褐色。足黄褐色。体腹面淡黄褐色，具淡绿金属光泽。

习性：植食性。吸食泡桐、桃等植物汁液。

刺胁跷蝽 *Yemmalysus* sp.　跷蝽科 Berytidae

体长不超过 10 毫米，细长。体橙黄色，触角末节基半部黑色，端半部白色。头顶较圆鼓。触角超过体长，第 1 节最长。前胸背板刻点较密。小盾片具直立的刺。胸部腹板上的臭腺沟向背面延长，超过背面许多，并向后弯曲呈钩状。各足极细长，股节端部较膨大。

习性：生活在草丛叶片上。植食性。跷蝽活动时身体悬空，像踩高跷，故名。

球胸长蝽 *Caridops* sp.　长蝽科 Lygaeidae

体长不超过 10 毫米，瘦长形。体以黑色为主，前胸背板前叶漆黑有光泽。头部在眼前方渐向下倾斜，眼后显著缢缩。前胸背板前叶明显膨大成球状，无刻点，长约为后叶的 2 倍。前胸背板侧角刺向后方弯曲。前翅在小盾片末端位置处缢缩，略呈束腰状。

习性：植食性。常在灌木上活动。行动敏捷。

亮翅异背长蝽 *Cavelerius excavatus* (Distant)　长蝽科 Lygaeidae

体长 6~7 毫米，长形，较扁平。体黑色。头黑色，触角颜色向端部逐渐加深。前翅爪片与革片淡黄色，革片端角黑褐色，膜片黑色。前胸背板方形，具刻点、毛或粉被，侧缘较直，两侧几乎平行，后叶前端微缢缩，后缘平。前翅较小，不超过腹部两侧和末端。

习性：生活在甘蔗等禾本科植物上，特别是叶鞘缝隙中。植食性。吸食甘蔗等植物汁液。

长足长蝽 *Dieuches femoralis* Dohrn　长蝽科 Lygaeidae

体长 9~10 毫米，瘦长。体以黑色为主。前胸背板侧边前半部淡黄褐色，后端黑色，后叶中脊和两侧的断续纵斑淡黄褐色。小盾片黑色，末端淡黄白色。前翅革片顶角前的白斑约为三角形。膜片褐色。各足股节基半部污黄色。

习性：植食性。常在草丛间的地表活动。

长胸迅足长蝽 *Metochus thoracicus* Zheng　长蝽科 Lygaeidae

体长约 10 毫米，瘦长形。体以黑色为主。体表部分区域有白色粉状物覆盖，形成特定的斑。触角第 3、4 节深黑色。前胸背板黑色，后叶中脊黄褐色，后缘有 1 对褐色三角形斑。前翅革片大部分区域黄白色，膜片黑褐色，端部有 1 个较大的椭圆形淡斑。

习性：植食性。生活在地表或草丛中。行动迅捷，有趋光性。

小长蝽 *Nysius* sp.　长蝽科 Lygaeidae

体长 3~5 毫米，长椭圆形。体淡黄色至灰黄色。前翅爪片和革片半透明，膜片透明。各足股节上有黑点。头宽于长，背面不平。复眼大，向两侧扩展。前胸背板梯形，具刻点，前缘较直，后缘宽于头，侧缘直。小盾片中央具“Y”形脊。各足股节稍微加粗，无刺。

习性：植食性。成虫和若虫常成群出现在各种草丛环境中。

直鳃长蝽 *Pamerana* sp.

长蝽科 Lygaeidae

体型小，瘦长。体以黄褐色为主。头前伸，中叶长于侧叶。触角前 3 节褐色，第 4 节淡褐色。前胸背板具粉被，前后叶间横缢和领明显，前叶圆隆，明显窄于后叶，后叶具刻点。前足股节膨大，下方具 2 列刺；雄虫前足胫节直，下方无刺。前翅革片淡褐色，顶角黑色。

习性：植食性。吸食禾本科等植物汁液。行动敏捷。

光红蝽 *Dindymus* sp.

红蝽科 Pyrrhocoridae

体长 14~15 毫米，椭圆形。体红色，光滑无毛。触角第 1~3 节黑色，第 4 节深褐色。足黑色。前翅膜片内角有 1 个深色斑，端半部有 1 个大型深色圆斑，膜片后缘浅色。头顶隆起，眼远离前胸背板前缘。前胸背板侧缘扩展，向上翘起。

习性：杂食性。吸食植株或种子的汁液，也吸食其他昆虫或蜗牛。

锐红蝽 *Euscopus* sp.

红蝽科 Pyrrhocoridae

体长 7~10 毫米，椭圆形。体桃红色，密被短毛。触角稍粗短，第 1 节远长于第 2 节，第 4 节基半部白色。前胸背板宽大于长，侧缘稍向上翘折，胝周围刻点连续。前翅革片端缘直，中央具黑色大圆斑。腹面第 4、5 腹节接合缝外端明显向前弯曲，不直达其侧缘。

习性：植食性。吸食灌木植物的汁液。

原锐红蝽 *Euscopus rufipes* (Stål)

红蝽科 Pyrrhocoridae

体长 8~11 毫米，椭圆形。体以红色为主，被浓密短毛。头黑色，触角第 1~3 节黑色，第 4 节基半部白色、端半部黑色。前胸背板后叶和革片具黑色刻点。小盾片稍微隆起，基部光滑。前翅革片中央有 1 个黑色大圆斑，顶角内侧有 1 条窄短的黑带。膜片棕黑色，仅内角和端缘灰棕色。

习性：植食性。成虫生活在低、中海拔山区，会成群聚集在罗氏盐肤木上吸食汁液。

艳绒红蝽 *Melamphaus rubrocinctus* (Stål) 红蝽科 Pyrrhocoridae

体长 17~25 毫米，长椭圆形。体棕黄色，被浓密短毛。头、前胸背板中部、小盾片、革片内侧和中央大斑、顶角黑色。前胸背板侧缘、革片后缘基部、股节棕红色。前胸背板前缘、前翅前缘、胸部各节侧板后缘乳白色。前胸背板侧缘前部向上翘起。

习性：植食性。夜间有趋光性。

四斑红蝽 *Physopelta quadriguttata* Bergroth 大红蝽科 Largidae

体长 12~15 毫米，长椭圆形。体棕红色，腹面棕色，密被短细毛。头部棕色。触角黑色，第 4 节基半部白色。前胸背板前叶部分隆起，侧缘窄，向上翘起不明显；后叶刻点清楚，褐色。前翅革片中央有 1 个较大的圆斑，近顶角有 1 个小圆斑。膜片浅棕色，半透明，达腹部末端。足棕褐色。

习性：植食性。常成群生活在寄主植物上。成虫夜间有趋光性。

巨红蝽 *Macroceroea grandis* (Gray) 大红蝽科 Largidae

体长 28~54 毫米，长条形。体以鲜红色为主，具光泽。触角黑色，极长，第 1 节约为头和前胸背板长度之和的 2 倍或更长。前胸背板梯形，具 2 条宽的浅黑纹。小盾片三角形，边缘黑色。前翅革片中央有 1 个大黑斑。前足股节粗壮，靠近端部有小刺。雄虫腹部极度延伸，远超出前翅顶端，雌虫正常。

习性：植食性。在多种树木上生活，群居。有假死性。成虫在落叶堆中过冬。

瘤缘蝽 *Acanthocoris* sp. 缘蝽科 Coreidae

体长 10.5~13.5 毫米。体以褐色为主。前翅膜区颜色深，黑褐色。体表有短硬毛。前胸背板和后足股节有许多颗粒。前胸背板侧缘稍向内凹，侧角突出。前翅爪片缝长于革片基缘。后足股节端部较粗，顶端背面有 1 个刺状突起，基部腹面稍扩展。

习性：植食性。吸食蚕豆、茄瓜、商陆和旋花科等植物。日间活动。

棘缘蝽 *Cletus* sp. 缘蝽科 Coreidae

体型中等，盾形。体以黄色为主。以前胸背板两侧角连线为界，体背面前部分黄色，后部分红褐色。触角第 1 节红褐色，第 2 节黑色，第 3、4 节橙色。头较短，前端向下倾斜。触角第 4 节纺锤形，不长于第 1 节。前胸背板侧角细长，向两侧伸出。前翅革片有浅色小白斑，部分个体没有。腹节后角不显著，侧接缘黄色。

习性：生活在草丛中。植食性。善飞翔。

狄达缘蝽 *Dalader distanti* Blöte 缘蝽科 Coreidae

体长 25~27 毫米，椭圆形。体褐色。头方形。触角第 3 节向两侧极度扩展，呈叶状，长约等于宽的 2 倍。前胸背板侧叶向前侧方伸出，侧角尖锐。腹部两侧扩展成菱形。前足股节腹面顶端具两列齿，后足股节稍微加粗。

习性：植食性。生活在草丛或灌木丛中。日间活动较多。

小点同缘蝽 *Homoeocerus marginellus* Herrich-Schäffer　缘蝽科 Coreidae

体长 11~13 毫米，椭圆形。体黄褐色，密布细小刻点。触角前 3 节紫褐色或红褐色，第 4 节颜色浅。身体背面两侧淡黄色。前胸背板侧角稍向上翘，端部钝。前翅革片中部有 1 个黑色小斑点。中、后胸侧板中部各有 1 个黑色小斑点。腹部两侧扩张，侧接缘部分露出。

习性：植食性。主要吸食大豆、甘薯、毛葛、黄檀等植物。成虫喜阴湿，在枯枝落叶、杂草丛中越冬。

暗黑缘蝽 *Hygia opaca* Uhler　缘蝽科 Coreidae

体长 8~10 毫米，椭圆形。体黑褐色，被黄白色细毛。复眼暗红色。触角第 4 节端半部、各足基节和跗节、侧接缘各节基部红褐色。喙短，伸达腹板第 2 节的前缘。前胸背板前角短钝状突出，不超过领的前缘。前翅膜片半透明，翅脉曲折。

习性：植食性。常成群在植株茎部活动。

哈奇缘蝽 *Molipteryx hardwickii* (White)　缘蝽科 Coreidae

体长约 30 毫米，椭圆形，壮硕。体以褐色为主，体表粗糙。前胸背板具皱纹，侧角极度扩展，常呈半月形向前延伸，超过头的前端，扩展部分边缘有锯齿，内缘齿大于外缘齿。小盾片端部具黑色瘤突。雄虫后足股节加粗，胫节基半部显著弯曲。

习性：植食性。主要吸食肉桂、华山松、栎、野茉莉等植物的汁液。

黑赭缘蝽 *Ochrochira fusca* Hsiao　缘蝽科 Coreidae

体长 23~24 毫米。体以黑色为主，前胸背板和前翅略带栗色，触角第 4 节和后足跗节橙黄色，侧接缘基角和顶角颜色浅。喙超过中胸腹板中央，前胸背板侧缘约有 10 枚齿，侧接缘第 5、6 节波状弯曲，腹部背板末节的后缘宽圆形。雄虫生殖节后缘宽圆形，两侧稍微凹陷。

习性：成虫和若虫都是植食性。吸食植物幼嫩部分。受惊扰后会从臭腺喷出刺鼻的液体。

钩缘蝽 *Grypocephalus pallipectus* Hsiao　　蛛缘蝽科 Alydidae

体长 11~14 毫米，长条形。头背面、前胸背板黑褐色。小盾片、前翅黄褐色。腹部背面和腹面暗橙色，末端黑色。足股节墨绿色，胫节黑褐色。头侧叶长于中叶，侧叶前端向下弯曲呈钩状。触角细长，第 1 节端部稍粗。前胸背板领显著，侧缘具隆脊，侧角钝圆。小盾片无刺。前翅革片中部半透明，无刻点，顶角狭长。后足股节无刺。

习性：植食性。寄主植物主要为油茶。

点蜂缘蝽 *Riptortus pedestris* (Fabricius)　　蛛缘蝽科 Alydidae

体长 15~17 毫米，长条形。体棕色至黑褐色。头三角形，后部缢缩成颈。触角第 1 节长于第 2 节。前胸背板和胸部侧板具许多不规则的黑色颗粒。头、胸部两侧有光滑的黄色斑纹，有些个体无此斑纹。侧接缘黑黄相间，腹下散布许多不规则小黑点。后足股节基部内侧有 1 个明显的突起，腹面有一列黑刺；胫节稍弯曲，腹面顶端有 1 枚齿。

习性：植食性。多吸食豆科植物。成虫在草丛或落叶中越冬。善飞翔。

十四、膜翅目

Hymenoptera

膜翅目包括各种蜂类和蚁类，其中不少是重要的天敌和传粉昆虫。根据腹部基部是否缢缩变细，分为细腰亚目和广腰亚目。中国已知近 12 500 种。

膜翅目昆虫翅膜质、透明，两对翅质地相似。口器一般为咀嚼式，但在高等类群中为嚼吸式。雌虫产卵器发达，锯状、刺状或针状，在高等类群中特化为螯针。膜翅目属于完全变态，一生经过卵、幼虫、蛹和成虫 4 个阶段。

膜翅目大多数种类为寄生性和捕食性，少数植食性。蜜蜂总科取食花蜜和花粉。蚂蚁、胡蜂中均有一些捕食性种类。很多类群为寄生性，寄生其他昆虫或节肢动物，包括外寄生和内寄生。有些蜂把其他昆虫麻痹后带回巢中，供其子代取食，称为狩猎蜂，例如蜾蠃产卵时衔泥筑巢，或寻找竹管等处产卵，捕捉菜青虫等，经螯刺麻痹后带回巢内贮存。

膜翅目昆虫的生活方式有独栖和群栖之分。植食性及寄生性的种类一般营独栖生活。蜜蜂和蚂蚁中的一些种类常群栖生活，为社会性昆虫。例如，意大利蜜蜂群体中，包括一只蜂王、数个雄蜂和大量工蜂。蜂王是生殖器官发达的雌蜂，司繁殖后代；工蜂是生殖器官发育不全的雌蜂，担负采集花粉、花蜜，筑巢等工作；雄蜂交配后即死去。

三节叶蜂

三节叶蜂科 Argidae

体型中等。体以黑色为主，胸部红色。体表有光泽。头部横宽，复眼大。触角 3 节，第 3 节端部略膨大，长棒状。颈部较细。前翅不透明，有蓝黑色光泽，超过腹末，翅脉稀疏。前足胫节有 1 对简单的端距。腹部筒状。

习性：成虫活动较缓慢。植食性。幼虫取食蔷薇科、杨柳科、桦木科等植物叶片。

叶蜂

叶蜂科 Tenthredinidae

体型中等。全身黑色，稍微显绿色，体表光亮。身体表面有细密的短绒毛。头部横宽。复眼大，红色。触角 9 节。从前面观，口器金色。中胸小盾片发达。各足较细长。

习性：成虫产卵于寄主叶片表面或组织中。植食性。幼虫食叶，或钻蛀幼果，或潜叶为害。化蛹时多于土室中作丝茧。

木蜂 *Xylocopa* sp.　　蜜蜂科 Apidae

体型中等偏大，整体较粗壮。体以黑色为主。翅半透明，有蓝绿色金属光泽。胸部和腹部背面光滑无毛，体侧、腹面和足有浓密的黑色毛。胸部背面突起呈驼背状。复眼肾形，灰白色。

习性：成虫一般在各种木头上钻蛀孔道为巢，巢室分多个，用来产卵、贮藏花蜜等。

黄跗短翅泥蜂 *Trypoxylon errans* Saussure　　泥蜂科 Spheciedae

体型中等。体以黑色为主，触角与复眼间区域白色，跗节黄色。体细长。头宽大，为身体最宽部位。复眼大，在触角基部凹陷。胸部腹面具浓密的白色亮毛。翅较短，翅脉黑色，其余部分透明，有彩色反光。腹部细长，末端约从翅末位置开始膨大。

习性：成虫衔泥造巢，捕捉多种昆虫，麻醉后放入巢内供幼虫取食。

蛛蜂

蛛蜂科 Pompilidae

体型中等偏大。全身橙色，翅颜色加深。雌性触角卷曲，雄性一般为线形。中胸侧板被1条斜而直的缝分隔成上下两部分。足细长，胫节端部有大的刺，跗节颜色加深。翅发达，膜质，半透明，有晕纹或整体赤褐色。腹部与胸部相接处缢缩。

习性：成虫常在地下、石块缝隙或朽木中筑巢，捕获猎物后封贮其中，以饲育幼虫。

钩土蜂

钩土蜂科 Tiphiidae

体型较小。黑色，腹部有白色或黄色横纹。足短粗，多毛刺。前、后足基节较靠近。后足胫节具2枚长的端距，胫节不伸达腹末。

习性：钩土蜂是重要的蛴螬专性体外单寄生天敌。成虫取食植物花蜜或蚜、蚧等昆虫的蜜露。雌虫产卵前先螫刺蛴螬胸部，引起暂时麻痹，再产卵于寄主体表，主要产于3龄蛴螬上。幼虫吸食蛴螬体液至其只残留头壳，然后作土黄色纺锤形茧。以幼虫或蛹越冬。

锤角细蜂

锤角细蜂科 Diapriidae

体微小。体黑色或褐色，表面密被细长的褐色毛。头近球形，颈部明显。触角很长，约等于体长，雄蜂触角丝状或念珠状，雌蜂棒槌状。胸部光亮。胸腹相接处细。翅上有细长毛，翅基部细，向端部渐扩展，前翅末端超出腹末许多，翅脉不明显。各足胫节和股节端部膨大。

习性：多以双翅目幼虫或蛹为寄主。成虫产卵于寄主体内。幼虫以寄主身体为食。

茧蜂

茧蜂科 Braconidae

体型偏小。体以黑色为主，触角棕色，前胸腹面褐色，各足褐色，翅半透明。触角约等于体长，丝状，多节。复眼大。颈部缢缩。翅脉明显，前翅有翅痣。腹部圆筒形或卵圆形，胸腹相接处细柄状。足细长，有细微绒毛。

习性：卵产于寄主体内或体外，幼虫营内寄生或外寄生生活。

姬蜂

姬蜂科 Ichneunmonidae

体型较大，纤弱。体以橙色为主，复眼深绿色。头顶的 3 个单眼大而透明，三角形排列；头部其他位置颜色发白。触角、足和腹部颜色加深。触角长，丝状，多节。各足细长，股节较光滑；胫节有绒毛，胫节端部有 1 对距。翅一般不超过腹末。腹部细长，基部柄状，端部稍微膨大。

习性：寄生性。幼虫期以寄主为食，成虫自由生活，可飞翔或爬行寻找寄主。

旗腹蜂

旗腹蜂科 Evaniidae

体型较小。体以黑色为主，前胸背面暗红色，前足黑褐色。触角第 1 节粗长。复眼大，占头的大部分。颈部明显缢缩。胸部不平整，分成很多瘤状突起的区域。腹基部细柄状，与其相连的腹部卵圆形，活动时腹部常举起，像小旗子，因此得名。

习性：雌蜂产卵于新鲜的蜚蠊卵鞘内，幼虫孵化后以卵粒为食。

红头弓背蚁 *Camponotus singularis* (Smith)　蚁科 Formicidae

工蚁分大、中、小 3 种体型，体长 10~18 毫米。体表无光泽，毛丰富，体黑褐色。头棕红色。腹部缢缩处为柄状，颜色深。大工蚁头部发达，上颚强大有力。小工蚁稍细长。蚁后体长约 22 毫米，胸部发达，身体粗壮。

习性：土中筑巢，巢口边常有树枝杂草堆成的鸟巢状堆积物，常位于林边、稀草地。平时由小工蚁外出觅食，取食树浆、蜜露或小昆虫尸体。

弓背蚁 *Camponotus* sp.　蚁科 Formicidae

体型中等偏小，工蚁常分为二型或多型。上颚三角形，咀嚼缘宽，具齿。额隆脊变宽、弯曲，略呈“S”形，从唇基后缘处隆起。胸部前部宽，后部多少有点侧扁，背板缝明显。胸部结构多变化，常见的是前、中、后胸的背板形成 1 个正规的拱形结构。

习性：筑巢于潮湿的地方，较喜欢挖掘已被水破坏的树木。通常建筑两种不同的巢穴，1 个附属群族和 1 个主群族。主要以小昆虫、蜜露和植物分泌物为食。

东方植食行军蚁 *Dorylus orientalis* Westwood　蚁科 Formicidae

雄虫体型远大于其他品级，超过 20 毫米，腹部很长，超过翅末端很多。大型工蚁体长 5~7 毫米，栗褐色至褐黄色，腹部颜色较胸部淡。身体密布刻点，后腹刻点较浅。头方形或矩形，后缘深凹。前、中胸背板之间的缝不明显。腹柄 1 节，胸部和腹柄节背面扁平。小型工蚁体长 2~5 毫米，形状与大型工蚁相似，体色淡黄。

习性：有翅雄蚁有趋光性。雌虫将卵集中产在植株基部下面 3~5 毫米的土层中。

掘穴蚁 *Formica cunicularia* Latreille　蚁科 Formicidae

工蚁体长 4~6 毫米。头、腹部灰黑色，并腹胸和足通常橙色。上颚、唇基、后腹部有一些直立毛，腹柄节无直立毛。体表被中等丰富度的柔毛。头长大于宽，唇基前缘圆形。头后缘凸圆。下颚须细长，第 6 节长于第 2 节。腹柄节楔形，薄，顶部圆形。

习性：捕食性。取食各种能捕捉到的昆虫和小动物。为多蚁巢社群。

多刺蚁 *Polyrhachis* sp.

蚁科 Formicidae

体型偏小。体黑色，头顶和前胸前缘有泛白的绒毛。体表光亮。工蚁头圆形。下颚须6节，第1节约为第2节长的一半。下唇须4节。胸部和腹柄节具刺或齿，或具某种明显的角。腹部短，第1腹节一般占整个腹部长的一半以上。雄蚁的胸部和腹柄节都不具刺或齿。

习性：为多蚁后制，繁殖季节出现有翅蚁。建巢初期有工蚁参与，工蚁单型。初期为小型巢，后期蚁巢规模有差异。

双针棱胸切叶蚁 *Pristomyrmex pungens* Mayr

蚁科 Formicidae

工蚁体长2~3毫米。体红褐色至黄褐色。头、并腹胸背面颜色较深。上颚、唇基、触角鞭节和足颜色较浅。后腹部黑褐色。胸部背面有两根刺。

习性：无蚁后制，孤雌生殖。地下营巢，群落规模相当大，可达数十万只。常见列长队于树林或路边等处，搬家或前往食源点。主要"放牧"介壳虫、蚜虫等，以其分泌物为食。

十五、脉翅目

Neuroptera

脉翅目昆虫因其丰富的翅脉而得名，包括草蛉、粉蛉、蚁蛉、褐蛉、螳蛉等昆虫。中国已知 14 科约 800 种。

脉翅目昆虫通称蛉。成虫最小的体长 1 毫米，翅展 3 毫米；大的长达 50 毫米，翅展 120 毫米。头下口式，咀嚼式口器，复眼大，少数有 3 个单眼，触角长，多节，变化较大，一般为念珠状或线状，有的呈栉状、棒状或球状。两对翅的大小、形状和翅脉均相似，翅膜质透明，有许多纵脉和横脉，多分支，翅脉呈网状，翅脉在翅缘二分叉。无尾须。

完全变态。卵多为长椭圆形，草蛉科昆虫的卵有丝质长柄，卵单粒散产或成排成堆集聚。幼虫为蛃型，上颚长镰刀状，口器为双刺吸式，胸足发达，但无腹足。幼虫多为陆生，捕食性，少数水生或半水生，螳蛉为寄生性，属复变态。蛹为裸蛹，翅芽、足、触角等明显外露。上颚发达，羽化前破茧爬出，故称动蛹。1 年多代，也有的 2～3 年完成 1 代，多以老熟幼虫在茧内越冬，以成虫越冬的，其体色常有变化。

成虫飞翔力弱，多数具趋光性。脉翅目多捕食蚜虫、介壳虫、红蜘蛛等重要农林害虫，也捕食鳞翅目幼虫、甲虫幼虫以及虫卵等，有的捕食金龟子、蝼蛄等大型害虫，因此是一类重要的天敌昆虫。

通草蛉 *Chrysoperla* sp.

草蛉科 Chrysopidae

体型中等。全身浅绿色，翅半透明。头部一般有颊斑和唇基斑。上颚不对称，左上颚基部具齿。触角丝状，短于前翅，鞭节各节长为宽的2~3倍。胸背中央具黄色或白色纵带，有些个体两侧具红斑。前翅透明、无斑，内中室窄小。足细长，无斑，爪附齿式。腹部背面中央多具黄色纵带。卵由细长丝撑起，与物体表面分开。

习性：幼虫俗称"蚜狮"，具伪装行为。成虫和幼虫均捕食蚜虫等小型软体昆虫。

脉线蛉 *Neuronema* sp.

褐蛉科 Hemerobiidae

体型中等偏小。头、胸部黑色。前翅前缘中部有大的三角形黑斑，黑斑前部褐色，后部白色。翅上散布黑色小点。远看如鸟粪。前翅前缘有一条透明的印痕，后缘中央有1个透明斑。前足胫节基部和端部背面各有1个颜色不同的褐斑，胫节细长，跗节5节。

习性：成虫和幼虫均捕食蚜虫、粉虱、介壳虫等小型软体昆虫。夜间有趋光性。

小窗溪蛉 *Thyridosmylus perspicillaris* Kimmins　溪蛉科 Osmylidae

体型中等。头部黑褐色，无毛。触角黄色，复眼黑褐色；上唇褐色，有1条深色条斑。除头部外，其他部位密布细毛。中、后胸前缘各有1对瘤突。前翅密布深褐色斑，前缘横脉区有3~4条深色纵带，翅外缘覆有成片的棕色翅斑。后翅透明，外阶脉处覆盖淡色翅斑。腹部黑褐色，有褐色刚毛。

习性：幼虫半水生，捕食小型昆虫。成虫生活在靠近水源的潮湿阴凉树林或灌木丛中。

奇异栉角蛉 *Dilar nobilis* Zhang, Liu, Aspöeck et Aspöeck　栉角蛉科 Dilaridae

体型较小。头部黄褐色。复眼黑褐色，直径与头宽近似。触角褐色，雄性触角栉状。前胸浅黄褐色；前胸背板六边形，黄褐色；前缘和后侧角黄色，中胸浅黄褐色，中胸背板前缘和两侧深褐色，小盾片后半部深褐色。足浅黄色，股节末端黑褐色。前翅密布形状不规则的褐色斑，翅疤2个，周围具明显的深褐色边。后翅淡黄色，翅疤1个。

习性：幼虫生活在树皮下，捕食小型软体昆虫，有趋光性。

闪烁哈蚁蛉 *Hagenomyia micans* (MacLachlan)　蚁蛉科 Myrmeleontidae

体型较大，细长。头顶隆起，黑色。复眼有金属光泽，有小黑斑。触角棒状，深褐色。前胸背板宽略大于长，深褐色；两侧边缘黄色，中央有 1 条黄色细纵带。足细长，以黄色为主。前翅无色透明，宽阔，脉浅褐色；翅痣小而圆，乳白色。后翅略长于前翅，外缘下方略内凹。腹部褐色，有黄色短毛。

习性：幼虫俗称“蚁狮”，在沙土等类似环境中做沙漏形的陷阱，捕食掉落其中的昆虫。

中印蚁蛉 *Indoleon tacitus sinecus* Yang　蚁蛉科 Myrmeleontidae

体长约 29 毫米。头部黑褐色，触角白色，口器黄白色。胸部黄褐色。足褐色，稍有黄斑。翅透明，具许多明显的褐色斑点。前翅的斑点几乎密布全翅，后翅的仅在翅端部。腹部黑褐色，仅各节端缘和中部有黄白色横带。

习性：幼虫一般在沙土中做沙漏形的陷阱，诱捕各种爬行的小昆虫。成虫夜间有趋光性。

锯角蝶角蛉 *Acheron trux* (Walker) 蝶角蛉科 Ascalaphidae

雄虫体长 42~52 毫米，前翅 33~38 毫米，后翅 29~35 毫米。触角基部略弯，内侧具 1 个突起，呈锯状；端部膨大呈锤状。翅半透明或烟褐色，翅前缘褐色。腹部细长，颜色暗。雌虫体长 30~40 毫米，前翅 42~43 毫米，后翅 37~38 毫米。腹部短粗，颜色较淡。

习性：雌虫将卵成排产在草秆上，幼虫在植物枝叶上捕食小昆虫。

凹腰苏蝶角蛉 *Suphalomitus excavatus* Yang 蝶角蛉科 Ascalaphidae

体型较大。体以灰黑色为主。触角褐色，各节端部具深褐色环纹；端部膨大如梨状，具黑色环纹。胸部背板深褐色，侧面黄褐色，前端和腹面颜色较深。前翅狭长，长方形，外缘与后缘约平行。翅透明，翅痣褐色。雄性腹部显著长于后翅，雌性腹部短于或等于后翅。

习性：成虫常在空中飞翔，捕食小昆虫。幼虫生活在植物或石块等杂物下，捕食性。

十六、广翅目

Megaloptera

广翅目是脉翅总目中一个较小的类群，包括泥蛉、齿蛉、鱼蛉 3 个类群，分布于世界各地。我国已知 140 多种。广翅目起源古老，是昆虫纲中的活化石，多数现生种类较为珍稀。

广翅目成虫体型变化较大，泥蛉科多小型，齿蛉科多中至大型。齿蛉头部扁阔，具 3 个单眼，复眼后常具刺状突起；泥蛉科头部无单眼。口器咀嚼式，齿蛉成虫上颚发达，具有防御功能。前胸长方形，齿蛉前胸长大于宽，而泥蛉前胸则宽大于长。前、后翅宽阔，质地和脉相近似。后翅有发达的臀区，翅脉网状，但前缘横脉多不分叉。足跗节 5 节，泥蛉第 4 跗节叶状扩展。

多见于山区溪流附近。幼虫水生，生活于溪流、池塘或沼泽中，捕食小型的水生无脊椎动物。幼虫对生境的水质变化比较敏感，喜生活于清洁且富含溶解氧的水中，可作为指示生物用于水质监测和生态环境评估。成虫一般不取食，或仅吸食树皮间分泌的液体。齿蛉幼虫是淡水鱼类的饵料，并具有一定的药用价值。

云南巨齿蛉 *Acanthacorydalis yunnanensis* Yang et Yang 齿蛉科 Corydalidae

体型较大。雄虫以褐色为主，单眼、身体腹面黄色。头顶具黄色网状纹。前胸背板长约为宽的 1.5 倍，前缘两侧各有 1 个逗点状黄斑，其后紧接 1 个长钩状黄斑。近后侧缘处微隆起，黄色。前胸腹板有 1 对暗黄色斑，向中央扩展，其前缘和后缘褐色。翅透明，浅褐色，横脉两侧有不明显的褐斑。翅脉浅褐色。

习性：幼虫俗称“爬沙虫”，水生，捕食能力较强。成虫有趋光性。

普通齿蛉 *Neoneuromus ignobilis* Navás 齿蛉科 Corydalidae

雄虫体长 37~55 毫米，前翅长 43~54 毫米，后翅长 40~47 毫米。体黄褐色。前胸明显长大于宽，两侧各具 1 条宽的黑色纵带。前胸腹板前缘黑色，两侧缘各具 2 个月牙形的小黑斑。前翅端半部烟褐色，基半部近透明；后翅颜色浅，基半部完全透明，臀区翅面被黄色的短毛。翅脉黄色，横脉颜色深。足股节腹面黄色，背面黑褐色。

习性：幼虫水生，捕食能力较强。成虫寿命较短，活动能力和飞行能力都不强。

星齿蛉 *Protohermes axillatus* Navás　　齿蛉科 Corydalidae

体型中等偏大。头部黄褐色，无斑，复眼后具较发达的侧缘齿，上颚黑褐色。复眼黑褐色。前胸黄褐色，近侧缘具 1 对黑褐色纵斑，其外侧黄色。足黄褐色。翅宽大，浅烟褐色，前缘域色略深，无斑。脉黄褐色，但臀脉基部黑褐色。腹部黑褐色。雄性生殖器肛上板扁平瓣状，近三角形。

习性：雌虫于水边产卵。幼虫水生，捕食性。幼虫从水中爬出化蛹。成虫夜间有趋光性。

佛氏星齿蛉 *Protohermes flinti* Liu, Hayashi et Yang　　齿蛉科 Corydalidae

体型较大。体以浅黄色为主。头部短宽，单眼突出呈半球形。触角各节略呈锯齿状，长度约为头部和前胸的总长。前胸长略大于宽，背板两侧具数量、形状各异的黑斑或褐斑。翅大而宽阔，浅烟褐色至黑褐色，多具淡黄色或乳白色的斑纹。足浅黄色，跗节颜色加深。

习性：幼虫生活在水流底的石缝中，捕食能力较强。成虫夜间会被灯光吸引。

锡金齿蛉 *Neoneuromus sikkimmensis* (Weele)

齿蛉科 Corydalidae

雄虫体长 30~35 毫米，前翅长 42~46 毫米，后翅长 39~41 毫米。体黄褐色。前胸背板近侧缘具 2 对黑斑，近前缘的 1 对较短，其外侧有 1 个黑色小斑点。足密被黄色短毛。股节端部、胫节和跗节均为黑色。翅几乎无色透明，仅端域具极浅的褐色，前翅端半部横脉两侧多具浅褐色斑。

习性：幼虫水生，捕食能力较强。成虫一般不取食，有时吮吸一些露水或有甜味的液体。

十七、鞘翅目

Coleoptera

鞘翅目昆虫俗称甲虫，是昆虫纲乃至动物界中种类最多、分布最广的第一大目，昆虫中有接近一半的种类是甲虫。除海洋和极地之外，几乎任何地方都能找到甲虫的踪影。中国目前已记载约 28 300 种。

鞘翅目昆虫体长 0.25 ~ 170 毫米。有的甲虫体表多毛，有的则光滑；有的体壁十分坚硬，有的则相对柔软；有的身体粗壮笨重，有的则小巧灵活；有的上颚发达像钳子，有的则在前胸长有像武器一样的角。所有的甲虫都有 1 对坚韧的几丁质前翅，即鞘翅。鞘翅不为飞行提供动力，主要用于保护后翅及腹部。甲虫具有 3 对足，善跑的甲虫足细长，善于挖掘的甲虫前足较宽有齿，善于游泳的甲虫后足扁平如桨，善跳跃的甲虫后足膨大，有发达的肌肉。触角形态变化较大，有丝状、棒状、锯齿状、栉齿状、念珠状、鳃叶状或膝状等，但在大多数种类中不会超过 11 节。口器咀嚼式，上颚一般发达，一些锹甲上颚甚至与身体等长，但有时上颚也近于消失。

鞘翅目食性多样，植食性的一些种类是农林业的重要害虫；捕食性甲虫中有很多是蚜虫、粉虱、介壳虫等害虫的天敌；腐食性、粪食性和尸食性甲虫，如埋葬虫科、蜣螂科中的许多种类是自然界中的清洁工。一些甲虫具有药用或食用价值，如芫菁（斑蝥）、龙虱等；一些大型甲虫可作为观赏宠物，如锹甲、犀金龟；一些颜色鲜艳、体表坚固的甲虫甚至还在一些地区被当作首饰，如吉丁虫。

金斑虎甲 *Cosmodela aurulenta* (Fabricius)　步甲科 Carabidae

体长 14~18 毫米。体以蓝绿色为主，有强烈的金属光泽。每侧鞘翅有 4 个黄白色斑：第 1 个极小，位于肩部；第 3 个最大，略呈肾形；其余 2 个均为圆形。头大，复眼十分突出，上颚极发达。腹部腹板雌性可见 6 节，雄性可见 7 节。

习性：捕食性。成虫栖息于溪流或湖泊附近的细沙地上，也会在林中或田边小路上。行动灵敏。

白斑虎甲 *Cylindera albopunctata* (Chaudoir)　步甲科 Carabidae

体型中等。体以茶色为主，触角、复眼墨绿色，各足股节以褐色为主，胫节、跗节以墨绿色为主。前胸背板两侧、各足股节密布细长白毛，股节端部和胫节的毛排列规则。复眼突出于头两侧，前胸背板窄，鞘翅宽。鞘翅上有明显的白斑，每侧 7 个，鞘翅外缘和后缘共 5 个白斑，中间 2 个。

习性：幼虫潜伏在自掘的穴中，伺机捕食经过的小动物。成虫常在水边空旷地带活动。

树栖虎甲 *Neocollyris variitarsis* (Chaudoir)

步甲科 Carabidae

体型中等，较细长。体蓝绿色，具金属光泽。头、前胸蓝黑色，鞘翅背面蓝绿色，各足红褐色。头大，复眼中等程度突出。前胸筒状，前端最细，向后渐粗，表面光滑，有稀疏的亮毛。鞘翅表面密被刻点，末端截断状。足细长，股节稍微加粗。

习性：捕食性。成虫栖息于树上。行动敏捷。

球胸虎甲 *Therates* sp.

步甲科 Carabidae

体长 7~8 毫米。体褐色，略具光泽。鞘翅呈不均匀的褐色，近端部有 2 个长白斑，端部浅色。前足股节、胫节浅褐色，略透明。中、后足股节基部白色，略透明，端部褐色。复眼大，非常突出。前胸背板中部光滑，呈球状。鞘翅矩形，具刻点。

习性：成虫栖息于草丛或低矮灌木上，行动灵敏且警觉。善飞翔。

驼缺翅虎甲 *Tricondyla gestroi* Fleutiaux

步甲科 Carabidae

体长 22~24 毫米。体棕色至黑褐色，各足股节棕红色。复眼大，十分突出。前胸筒状，基部和端部缢缩，各具横缢，中部较圆鼓。鞘翅从基部向后逐渐变宽，背面强烈隆起，形如驼背，表面密被粗大刻点。后翅退化消失。

习性：雌虫常在咖啡树或茶树的嫩枝上钻洞产卵，是热带地区经济作物的害虫，但幼虫能捕食介壳虫。

印度长颈步甲 *Ophionea indica* (Thunberg)

步甲科 Carabidae

体长 6~8 毫米。体黑色，有蓝色金属光泽。头部菱形。前胸红褐色，细长筒状，前端极窄，具不明显细横纹。鞘翅红褐色，表面有由粗大刻点组成的纵列，肩胛上有 1 个黑斑，常扩大至前缘与中缝。鞘翅中部靠后有 1 条宽阔带蓝色金属光泽的黑色横带，横贯鞘翅，横带前后方各有 1 个银白色小圆斑。

习性：捕食性。是稻飞虱、稻叶蝉等水稻重要害虫的天敌。

五穴宽颚步甲 *Parena dorsigera* Schaum　步甲科 Carabidae

体长约 10 毫米。体深棕褐色，光亮。眼间区域宽阔平坦，中央具“V”形凹陷。触角长，向后达前胸背板基缘。前胸背板近方形，窄于头部。鞘翅较平，中央有 1 列间隔较大的凹陷，边缘凹凸不平。

习性：多白天活动，可在高大树木和植物上迅速爬行。有趋光性。主要捕食鳞翅目幼虫。

红胸五角步甲 *Pentagonica ruficollis* Schmidt-Goebel　步甲科 Carabidae

体长约 5 毫米，椭圆形。体以黑色为主，前胸背板红色，足暗红色。头部光滑，顶部较平。触角除基节外各节端部有细长毛。前胸背板较宽，五角形，前角圆钝，侧缘中部略呈角状，具明显的深色中纵线。鞘翅卵圆形，端部平截，表面具浅的刻点列。足较细长，爪简单。

习性：捕食性。成虫生活在潮湿阴暗的地表苔藓丛等环境中。夜间有趋光性。

豉甲

豉甲科 Gyrinidae

体型较小，形似豆豉。体黑色，表面光亮。头、前胸背板、鞘翅侧缘和后缘被密毛。触角短，着生于上颚与头前侧缘相接处。复眼分上、下两部分。前足细长，中、后足扁短，形似船桨状。腹部末端几节露出鞘翅外。

习性：成虫在水面活动，常群聚在池塘、湖泊、河流等水面上沿圆形或弧线迅速游动，受惊时立刻潜入水中。成虫、幼虫均为捕食性。

横纹盾葬甲 *Diamesus osculans* (Vigors)

葬甲科 Silphidae

体长 25~45 毫米，是葬甲科中体型最大的。触角端锤部分由末端 4 节组成，末节为淡橘色或近似白色。雄性小盾片有 1 条中脊，纵贯全长。鞘翅较短，约为腹部长度的一半，近基部和近端部各有 1 条连续或隐约连续的条纹。各足跗节有浓密的棕色毛。雄性后足股节十分膨大。

习性：腐食性。取食腐败的动物或植物尸体。夜间有趋光性。

尼泊尔覆葬甲 *Nicrophorus nepalensis* (Hope)　　葬甲科 Silphidae

体长 15~24 毫米。头黑色，额区有一个小红斑。触角端部锤状，锤部的第 1 节黑色，其余 3 节橘黄色。前胸背板光亮，圆角矩形，被沟分割成 6 个独立肿块。鞘翅基部和端部有 2 条橘红色带，皆为独立斑纹，不在中缝处相连。后足胫节直。

习性：腐食性。取食小型哺乳动物或鸟类尸体，并能将尸体移动、掩埋和加工。具有亚社会性。

硕出尾蕈甲 *Scaphidium* sp.　　隐翅虫科 Staphylinidae

体长约 5 毫米，短粗，两端尖，梭形。体以黄褐色为主，体表有黑色斑，具光泽。头部小，复眼略突出。触角端部有 5 节或 6 节逐渐膨大，呈棒状。前胸背板梯形。鞘翅端部平截。足黑色，中、后足股节有黄色斑纹。腹部末端露出的部分较尖。

习性：以菌类为食。成虫常在朽木上停留或迅速爬行，或聚集在树叶处。

狼条脊甲 *Rhyzodiastes* sp. 条脊甲科 Rhysodidae

体型中等偏小，长扁筒形。体深棕红色。头部三角形，头顶具“Y”形深沟。触角念珠状，11 节。前胸背板筒状，具 3 条平行的深沟。鞘翅两侧平行，表面具多条纵脊。足粗短，各足基节分离，前足基节球状，跗节 5 节，基部 3 节愈合。腹部 6 节。

习性：生活在朽木内。行动较缓慢。

大水龟甲 *Hydrophilus* sp. 水龟甲科 Hydrophilidae

体长 30~45 毫米，卵圆形，背面隆凸，腹面平扁。体黑褐色，表面光滑。前胸腹板在前足基节之间突起，后部具深沟。中胸腹板发达，有时中央有 1 个龙骨状脊，向前伸达前足基节之间，向后与后胸腹板龙骨状脊相连接。鞘翅刻点成列或线状，9~10 行。

习性：水生。成虫腐食性，幼虫捕食性。成虫有趋光性。

韦氏环锹甲 *Cyclommatus vitalisi* (Pouillaude)　　锹甲科 Lucanidae

雄性体长约 40 毫米。体黄褐色至红褐色。雄虫大颚前段较少弯曲，头部前端多有较明显的凹陷区域，两侧的平行褶皱较不明显至退化不见。身体各节边缘黑色。鞘翅有纵向平行排列的细小刻点，边缘黑色。前足胫节略扁，各足胫节光滑无刺。

习性：成虫多于 7~9 月出现，有明显的趋光性。幼虫多发现于森林地面的朽木内。

细角刀锹甲 *Dorcus yaksha* Gravely　　锹甲科 Lucanidae

雄性体长 29~50 毫米，雌性体长 24~36 毫米。体黑色，光亮。头宽于长，头顶微凸，复眼周围和头胸相接处有许多细小刻点，头部侧缘、复眼后方有 1 个小突起。上颚长约等于头长，基部上方有 1 个不明显的齿突。前胸背板宽大于长，前缘明显呈波曲状，中部向前突出，有细毛。各足跗节具较密的黄毛。

习性：成虫吸食树汁。夜间有趋光性。幼虫生活在朽木中。

束胸小刀锹甲 *Falcicornis bisignatus* (Parry) 锹甲科 Lucanidae

雄性体长 23~37 毫米，雌性体长 19~25 毫米。体黑褐色，有红褐色斑，表面光滑少毛。雄性大颚较直，头盾两侧角状突出较短。雄性前胸背板前端收缩，前角远离头部，外缘较曲折。鞘翅末端有黄褐色斑点。雄性中、后足股节腹面具黄斑。

习性：雌虫将卵产于朽木内，幼虫在朽木中生活。成虫夜间有趋光性。

雅深山锹甲 *Lucanus nobilis* Didier 锹甲科 Lucanidae

雄性体长 38~67 毫米。体暗褐色或暗红褐色，体表被不均匀分布的黄色毛。雄性大颚外缘略弯曲，向端部渐窄，小齿从端部到基部密集且连续。头部侧棱在两侧向外扩张，头部显著宽于前胸背板。鞘翅毛被明显，外缘较多。

习性：成虫吸食树干流出的汁液。有趋光性。多于 6~8 月出现。幼虫于朽木中生活。

奥锹甲 *Odontolabis* sp. 锹甲科 Lucanidae

雄性体长 34~79 毫米，雌性体长 34~48 毫米。雄性上颚有大、中、小 3 种类型。雄虫体色除鞘翅外缘红褐色外均为黑色。上颚、头、前胸背板上有细小颗粒。头四边形，眼侧突窄，眼后有钝刺。前胸背板有 2 枚尖刺。前腹突尖刺状，多变化。前足跗节外侧有 3~5 个细齿（雄性）或 4~5 枚刺（雌性）。

习性：成虫喜欢在树木伤口处吸食汁液。寄主有杨、柳、榆等，幼虫居于朽木内。

宽带前锹甲 *Prosopocoilus biplagiatus* (Westwood) 锹甲科 Lucanidae

雄性体长 23~41 毫米，雌性体长 21~25 毫米。体表黑色，光亮，有黄色斑纹。头大部分区域黑色，前侧缘在复眼前呈角状，复眼向两侧突出。前胸背板两侧和每个鞘翅的中央各有 1 个黄褐色带状斑。雄性中、后足胫节近端部收缩变窄。

习性：成虫吸食树木伤口处的汁液，寄主为栎类。成虫有趋光性。

长丽金龟 *Adoretosoma* sp.

金龟科 Scarabaeidae

体长约10毫米，卵圆形。体红色，体表光亮无毛。触角9节，末端3节片状扩展。前胸背板基部窄于鞘翅，表面具细刻点，后角圆钝。鞘翅长方形，边缘具膜质透明区域，鞘翅基部突缘不发达，表面具刻点行。雄虫前足爪分裂，中、后足胫节中部膨大。

习性：成虫访花，植食性。夜间趋光。幼虫腐食性，在土壤中生活。

异丽金龟 *Anomala* sp.

金龟科 Scarabaeidae

体型中等，卵圆形。体以古铜色为主，具较弱的金属绿光泽。唇基略上卷。触角端部3节鳃片状。前胸背板后缘具密集刻点。鞘翅具明显的脊，沟行明显，脊间鞘翅上有细密颗粒。后足较长。

习性：成虫植食性，多生活在花上，取食花蜜等。幼虫腐食性，土栖。

格彩臂金龟 *Cheirotonus gestroi* Pouillaude

金龟科 Scarabaeidae

雄性体长约 60 毫米，雌性稍小。前胸背板古铜色，具强烈金属光泽。鞘翅黑褐色，有许多不规则小黄斑，黄斑倾向于形成 1 条带与 1 列黄斑相间的花纹。唇基长方形，具 3 个突起。雄虫前足胫节极度延长并弯曲，背面中段有 1 个短壮齿突；末端内侧延长，呈细长指突状；外缘具小齿 5~6 个。雌虫前足正常。

习性：幼虫栖息于大型朽木内。成虫有趋光性。飞行时声音较大。

修丽金龟 *Ischnopopillia* sp.

金龟科 Scarabaeidae

体长约 10 毫米，卵圆形。体黑色，有金属光泽，鞘翅红褐色。触角 9 节，末端 3 节鳃片状。前胸背板后缘在小盾片前弯曲。体背面略平坦。鞘翅长，向后不收窄，盖过前臀板，边缘膜质。鞘翅表面有纵向排列的平行刻点列。

习性：成虫有访花习性，取食花蜜、露水等。夜间有较强趋光性。幼虫土栖。

淡色牙丽金龟 *Kibakoganea dohertyi* (Ohaus)

金龟科 Scarabaeidae

体长约25毫米。头、前胸背板、鞘翅、各足淡黄色，带有少量红褐色斑点。雄性上颚细长，弧形，非常突出，最长可超过体长的一半，红色且有深色线纹。各足跗节黑色。雌性上颚小，体色较雄性略深。体表密布细小的深色刻点。头、胸背面相接处红褐色。

习性：成虫夜间有趋光性。幼虫取食腐木屑。

中利蜣螂 *Liatongus medius* Fairmaire

金龟科 Scarabaeidae

体长约10毫米，扁平。体灰黑色至黑褐色，体表常污浊。雄虫头部的角突向端部逐渐变细，腹面具细刻槽。触角8节，末端膨大。前胸背板中央凹陷，两侧具角突，纵中线基部明显。小盾片背面可见。鞘翅端部毛较少，细刻点稀疏分布。足较粗壮，前足胫节外缘有4个发达的齿。

习性：粪食性。成虫会制作粪球，并将卵产于其中，幼虫在粪球中发育。成虫具趋光性。

大斑弧丽金龟 *Popillia cerinimaculata* Lin

金龟科 Scarabaeidae

体长约 10 毫米。体黑色或深黑褐色，具漆光。鞘翅基部中央有 1 个红褐色大斑，被黑褐色鞘翅缝分隔。前胸背板后缘中部和小盾片边缘颜色有时较浅。臀板基部有 2 个三角形大毛斑，斑间距窄。唇基微弱上卷，皱刻粗密。额刻点粗密。鞘翅背面有 7 列粗大刻点。

习性：成虫昼行性，善于飞翔，常在花上活动。幼虫土栖。

橡胶木犀金龟 *Xylotrupes gideon* (Linnaeus)

金龟科 Scarabaeidae

雄虫体长 35~44 毫米，雌虫较小。体椭圆形，以红棕色或黑褐色为主。头和前胸背板颜色深，鞘翅颜色浅。体表光亮。雌雄异型：雄虫头额角突上翘并向后弯，前胸背板角突端部分叉并向下弯；雌虫角突简单。头较小，唇基短。前足胫节有 3 枚侧刺。中、后足胫节外侧有 4 个刺突。

习性：幼虫取食腐殖土，并生活在其中。成虫取食水果或吸食树汁，有趋光性。

泥红槽缝叩甲 *Agrypnus argillaceus* (Solsky)　叩甲科 Elateridae

体长约 15 毫米，长椭圆形。前胸背板底色为黑色，因全身密被红色鳞状短毛而呈现朱红色或红褐色，足、触角、身体腹面黑色。触角向后伸展不到达前胸基部，从第 4 节起锯齿状，末节近端部凹缩。前胸背板中间具纵凹，侧缘后部细齿状。鞘翅表面有成列的平行粗刻点。

习性：成虫植食性，寄主为华山松、核桃等。

朱肩丽叩甲 *Campsosternus gemma* Candèze　叩甲科 Elateridae

体长约 36 毫米。体以铜绿色为主，有金属光泽。前胸背板两侧（后角除外）、前胸侧板、腹部两侧和末端 2 节节间膜红色，上颚、唇须、触角、跗节黑色。头顶凹陷，触角向后不伸达前胸基部。前胸背板宽于长，表面具细刻点，后角宽，端部下弯。鞘翅侧缘上卷，表面具细刻点和弱条痕。

习性：成虫多发生于 6~8 月，常见于林区。夜间有趋光性。

科特拟叩甲 *Tetralanguria collaris* (Crotch)　拟叩甲科 Languriidae

体长10~16毫米，长梭形。头黑色。前胸背板红色，具3个黑色点斑。鞘翅黑色，有光泽。触角较粗，端部4节膨大，形成明显的端锤。眼眶后部突出。前胸背板圆形，表面隆起且光洁。鞘翅无缘折，端缘无锯齿。

习性：成虫植食性。多白天在植物叶片上活动。夜间有趋光性。

长特拟叩甲 *Tetralanguria elongata* (Fabricius)　拟叩甲科 Languriidae

体长约15毫米，体形瘦长。头黑色，前胸背板红色，有3个横向排列的黑色斑点，中央1个很大，形状不规则；两侧的2个较小，圆形。鞘翅黑色，具金属光泽，密布成列的、排列整齐细密的刻点。触角较粗，端部4节膨大，形成明显的端锤。鞘翅端缘具细微锯齿。

习性：成虫植食性。栖息在灌木丛中。

云南扁萤 *Lamprigera yunnana* (Fairmaire)

萤科 Lampyridae

雄虫体长约 15 毫米。体黑色，较柔弱。前胸背板前部浅色，边缘淡褐色。体侧板具黑褐色大型斑块。触角丝状。前胸背板略呈半圆形，头部隐藏于其下。腹部末节较圆钝，分叉端部较圆。腹部第 8 节背板侧缘具 2 枚乳白色发光器，呈“C”形。

习性：幼虫陆生，捕食蜗牛、蛞蝓、蚯蚓、昆虫等。每年 10~11 月，成虫羽化。雄萤在夜晚飞行发光，雌、雄萤均持续发光，雌萤发光较明亮。

丽花萤 *Themus* sp.

花萤科 Cantharidae

体型中等。体色鲜艳，主要为鲜黄色，上颚端半部、复眼、鞘翅、触角端半部、胫节端半部、跗节黑色。鞘翅光亮。体表被稀疏亮毛。身体较窄长，两侧约平行。头与前胸背板大小相近，皆为方形。触角线状。股节较粗。跗节两侧扩展。

习性：成虫多在花丛间出现。白天活动，夜间有趋光性。

红萤

红萤科 Lycidae

体长约 10 毫米，扁平柔弱，两侧约平行。体以红色为主，触角、前胸背板盘区、鞘翅中央大部分区域、各足黑色。头下弯，隐藏在前胸背板之下。触角 11 节。前胸背板梯形，多有凹陷和隆脊。鞘翅较长，有由纵脊和刻点形成的细密网纹。

习性：成虫白天活动，喜访花。幼虫生活于树皮内或朽木中。捕食性。

细花萤 *Idgia* sp.

细花萤科 Prionoceridae

体型中等偏大。体以黑色为主，黑斑之间的区域棕色。触角丝状，稍有栉形分支。头部延长，复眼明显凸起。前胸背板明显延长，背面两侧各有 1 个大的黑圆斑，几乎填满整个背面。鞘翅长，末端尖，越接近端部，细直毛越多。鞘翅边缘和接缝周围棕色。足较细弱。

习性：成虫植食性，夜间有趋光性。

奥郭公 *Opilo* sp.

郭公虫科 Cleridae

体长约 10 毫米。体褐色，全身被金黄色直立毛，体表刻点密。下颚须、下唇须和各足股节基部淡黄色，鞘翅红褐色。复眼大，表面粗糙。触角端部 3 节膨大。下颚须和下唇须末节为斧状。各足跗节 5 节，第 1 节小，背面不可见。

习性：幼虫栖息于朽木中，成虫捕食性。

筒蠹

筒蠹科 Lymexylidae

体型中等，细长，圆筒形，身体较柔软。全身浅褐色，被稀疏绒毛。复眼黑色，很大，在背面几乎相接。触角黑色，短小，11 节，略呈锯齿形。雄性下颚须扇形。前胸较小。前足基节大，突出，呈圆锥形。鞘翅极短小，后翅和腹部第 5~8 节外露。足细长。跗节细，5 节。腹末尖。

习性：成虫身体柔软。幼虫能蛀入坚硬木材，造成危害。

七星瓢虫 *Coccinella septempunctata* Linnaeus　瓢虫科 Coccinellidae

体长 5~7 毫米，半球形，体表光滑无毛。额与复眼相连的边缘处有 1 个淡黄色圆斑。前胸背板黑色，前角有 1 个近四边形的黄白斑。小盾片三角形，黑色。鞘翅橘黄色至橘红色，有 7 个黑斑点，其中 1 个斑点在小盾片下方，被鞘翅缝分成两半。

习性：主要取食各种蚜虫。常见于草地、农地、树林、灌木等处。

横带食植瓢虫 *Epilachna parainsignis* Pang et Mao　瓢虫科 Coccinellidae

体长 9~11 毫米。周缘近心形，背面显著隆起。全身被浓密的黄色细毛。体以砖红色为主，分布有较大的黑色带状斑。前胸背板中部有 1 个黑色大斑，一些个体斑的颜色暗淡或消失。小盾片砖红色。鞘翅上有 3 条黑色波状横带。

习性：成虫和幼虫皆为植食性。寄主为茄木，取食叶片的叶肉部分，留下表皮。

异色瓢虫 *Harmonia axyridis* (Pallas)

瓢虫科 Coccinellidae

体长 5~8 毫米，身体卵圆形，体背强烈拱起，无毛。头橙黄色、橙红色或黑色。前胸背板颜色浅，不同个体间有形状常变化的“M”形黑斑。小盾片橙黄色至黑色。鞘翅上色斑在不同个体间常变化。鞘翅末端有 1 条明显的横脊，是鉴定该种的重要特征。

习性：多白天活动。取食多种蚜虫、蚧、木虱等。

纤丽瓢虫 *Harmonia sedecimnotata* (Fabricius)

瓢虫科 Coccinellidae

体长 5~8 毫米，卵圆形。体以橘黄色为主，少数个体的颜色较浅，有的个体头顶为黑色。前胸背板有 2 个小黑斑。小盾片黑色。鞘翅有 16 个大小相近的黑点，每侧鞘翅从前往后每行黑点数依次为 2、3、2、1。有些个体第 3 行的 2 个黑点消失。

习性：多生活在农田、柑橘树、番石榴树等环境中，捕食蚜虫、绵蚧、螺旋粉虱等。成虫有趋光性。

朽木甲 *Cistelina* sp.

拟步甲科 Tenebrionidae

体长 11～14 毫米，较柔弱。体以鲜黄色为主，触角、各足股节端部、胫节、跗节黑色。头长，复眼小而圆。触角丝状，长于体长的一半。前胸背板盾形。鞘翅长椭圆形，隆起，有由刻点组成的平行纵条沟，表面具细绒毛。各足细长，爪具齿。

习性：成虫栖息于各种植物上，幼虫生活在朽木或腐殖质中。

窄亮轴甲 *Morphostenophanes* sp.

拟步甲科 Tenebrionidae

体长约 15 毫米，体壁坚硬。体黑色，有光泽。头宽，复眼小。触角线状。鞘翅表面有较密集的、大小不一的瘤突；左右鞘翅彼此愈合，无后翅。足细长，胫节内侧近端部具细刚毛，跗节腹面平坦，密布棕色毛。

习性：成虫常栖息在朽木或树干上，幼虫蛀木。

近烁甲 *Plesiophthalmus* sp.

拟步甲科 Tenebrionidae

体长约 15 毫米。体形短粗，鞘翅末端尖。体黑色，光亮。触角细长。头短宽，窄于前胸。前胸腹板前部非常短，中胸腹板长。每侧鞘翅具 7 条纵沟。各足长，股节加粗，前足股节不具刺，中、后足基节间距长于中足基节间距。

习性：成虫栖息于朽木树干上。幼虫生活在朽木中。

树甲 *Strongylium* sp.

拟步甲科 Tenebrionidae

体长 18~22 毫米，较窄长，最宽处在鞘翅基部。体黑色，略具铜色金属光泽。复眼褐色，较大，在头顶相接。触角细长，长于体长的一半。前胸背板方形，具密刻点，后缘有 1 条突起的边。鞘翅窄长，端部渐尖，具平行的粗大刻点列，刻点在鞘翅端部逐渐变细。各足细长。

习性：幼虫生活在朽木中。成虫多见于朽木或树干等处，夜间有趋光性。

姬刺伪瓢虫 *Spathomeles decoratus* Gerstaecker　伪瓢虫科 Endomychidae

体型中等，椭圆形。体以黑色为主，鞘翅上有橙黄色斑点，头、腹面和足有明显的光泽，前胸背板和鞘翅略具光泽。前胸背板有细小的刻点，前角前伸，包住头的后半部分。小盾片较横宽。鞘翅每侧有 4 个斑，基斑和内侧中斑隆起；端斑为横宽带，后缘凹，前缘波状。鞘翅中部近中缝处有 1 对向后弯的钩状突起。

习性：成虫有假死性，会栖息在树木流汁的伤口处。

毛角豆芫菁 *Epicauta hirticornis* (Haag-Rutenberg)　芫菁科 Meloidae

体长 11~22 毫米。体黑色，头红色。触角丝状。前胸短，两侧平行，从前端 1/3 向前缢缩。雄性触角除末端两节外，每节外侧具长毛；前足胫节外侧具密毛，腹部末节腹板后缘前凹。雌性触角细短，外侧无长毛；前足胫节侧缘毛不密，腹部末节后缘直。

习性：成虫有时大量聚集，主要取食豆科植物。幼虫取食蝗虫卵块。

眼斑芫菁 *Mylabris cichorii* (Linnaeus)　芫菁科 Meloidae

体长10~20毫米。体黑色，鞘翅有黄色斑，基部靠近翅缝处和肩部各有1个小圆斑，前部1/3处和端部1/3处各有略呈波浪状的宽横纹。头部略呈方形，后角圆。触角11节，端部5节膨大成棒状。前胸背板窄于鞘翅。鞘翅向后逐渐加宽。

习性：成虫多栖息在各种植物上。受惊时从腿部关节处分泌斑蝥素，可用于制药。

蓝斑星天牛 *Anoplophora davidis* (Fairmaire)　天牛科 Cerambycidae

体长24~37毫米。前胸背板有2个毛斑，鞘翅上的白色斑点大，呈波状排列。毛斑淡蓝色或淡绿色，身体底色也通常黑中带蓝或绿。鞘翅第2行中斑常连接或合并，第3、4行斑点部分接合。鞘翅基部颗粒较稀，表面竖毛长而密，极为显著。

习性：幼虫蛀干，成虫取食叶片和枝条。

双带长毛天牛 *Arctolamia fasciata* Gestro

天牛科 Cerambycidae

体长 22~40 毫米。体以黑色为主。头、触角第 1~4 节基半部、胸、鞘翅基部、小盾片、足均密被赭红色至赭黄色细毛，触角有黑色或棕黑色长簇毛。前胸背板具不规则皱脊，中央隆起为大的瘤突。鞘翅上有 2 条很宽的黑横带。

习性：成虫多在 4~11 月活动，取食叶片和枝条，主要为害桃树等植物。

圆八星白条天牛 *Batocera calana* Parry

天牛科 Cerambycidae

体长 31~60 毫米。体黑色，密被青棕色绒毛。前胸背板中央有 1 对红色或白色肾形斑纹。小盾片黄色或白色。每侧鞘翅上有 4 个红色或白色圆斑，大小几乎相等，沿中线整齐排列。前胸侧刺突端部较细。翅末端较狭，较向内斜切。

习性：成虫多在 6~7 月活动，主要为害芒果等植物。

云斑白条天牛 *Batocera horsfieldi* (Hope)　天牛科 Cerambycidae

体长 32~67 毫米。体黑色或黑褐色，密布灰色绒毛，个别个体带有青色或黄色。前胸背板中央具 1 对肾形红色毛斑。鞘翅具不规则云状毛斑，个体间变异很大。雌性触角略比体长，雄性远超出腹末。前胸背板前、后横沟间的区域平坦，侧刺突稍向后。鞘翅肩刺上翘，基部具颗粒。

习性：成虫在 6~7 月活动，取食叶片和嫩枝条。幼虫蛀食枝干。

橘光绿天牛 *Chelidonium argentatum* (Dalman)　天牛科 Cerambycidae

体长 24~27 毫米。体墨绿色，有金属光泽。触角和足深蓝色或紫黑色，跗节黑褐色。腹面绿色，被银灰色绒毛。头部刻点细密，额有 1 条中纵沟伸向头顶。鞘翅密布细刻点、皱纹。雄性触角稍长于体长。雄性腹部可见 6 节，第 5 节后缘凹陷；雌性可见 5 节，末节后缘圆形。

习性：成虫取食柠檬等芸香科植物，也为害核桃、构树等。幼虫蛀干。

麻点瘤象天牛 *Coptops leucostictica* White

天牛科 Cerambycidae

体长 15～27 毫米，长椭圆形，较扁阔。体黑色，全身密被由淡黄褐色和灰白色绒毛相间排列而成的细斑纹；鞘翅无绒毛处，形成黑色圆斑点。雄虫触角超过体长的 1/2，雌虫则伸达鞘翅末端。前胸背板宽大于长，两侧近前端各有 1 个小瘤突。鞘翅端部圆。

习性：幼虫蛀干，主要为害大叶羊蹄甲、香须树、合欢等植物。

白盾筛天牛 *Cribragapanthia scutellata* Pic

天牛科 Cerambycidae

体长 12～18 毫米，圆柱状。全身暗红色，小盾片具黄色毛，腹面有若干同样性质的斑点。触角基部几节被密毛；其余各节基部 2/3 白色，端部暗红色。头部微突，几乎无刻点。前胸两侧无刺突，前后缘各有 1 条横沟，前胸腹板凸片低狭，中胸腹板凸片中央有小突起。

习性：成虫植食性，主要为害水麻等植物。幼虫蛀干。

刺虎天牛 *Demonax* sp.　天牛科 Cerambycidae

体长约 10 毫米。细长，圆筒形。体以黑色为主，被稀疏的浅灰色毛，腹面的毛厚。前中胸相接处白色。鞘翅有 4 道横白斑，第 1 道在翅基部，颜色较淡；第 2 道为“人”字形，顶部与小盾片末端相连；第 3 道在鞘翅后 1/3 处，中部宽，两侧窄；最后 1 道在翅端部，中部宽。触角约等于体长。前胸椭圆形。足细长。

习性：幼虫蛀干。成虫会访花，白天活动。

暗褐瘤翅天牛 *Echthistatodes subobscurus* Holzschuh　天牛科 Cerambycidae

体长约 20 毫米，体壁坚硬。体黑褐色。触角长度不超过体长，第 1 节明显膨大加粗。前胸与鞘翅相接处溢缩，表面具瘤突。鞘翅方形，扁平，背面横阔加厚，翅表面有数个瘤状突点，翅两侧棱部有不规则的凹凸纹路。足较细长。

习性：成虫食叶和嫩枝条，幼虫蛀干。

线纹羽角天牛 *Eucomatocera vittata* White　　天牛科 Cerambycidae

体长 7~14 毫米，细长形。体黑色。体表有较粗硬的短毛。头和前胸背板有 4 条细纵纹，中央 2 条彼此接近，两侧各 1 条，从复眼之后至前胸背板后缘。小盾片舌形，被灰黄色绒毛。每侧鞘翅有 3 条灰黄色细纵纹。

习性：成虫在 3~6 月、12 月活动，主要为害菊科等植物。

丽并脊天牛 *Glenea pulchra* Aurivillius　　天牛科 Cerambycidae

体长 12~20 毫米。体蓝绿色至深蓝色，覆盖有黑褐色至黑色绒毛，有淡黄色或白色毛斑。触角黑色，被棕褐色绒毛。鞘翅肩部有蓝绿色光泽，侧缘和后半部略有紫铜色光泽。鞘翅一般有 5 个白色小斑。

习性：成虫在 5~9 月出现，主要取食梧桐科的翅苹婆和粗毛刺果藤等植物。

蓝粉短脊天牛 *Glenida suffusa* Gahan　天牛科 Cerambycidae

体长 16~22 毫米。体色鲜艳。头和鞘翅大部分黑色，有蓝色斑。触角端部颜色加深。前胸背板中央有 1 个黑斑。足末端黑色。身体其他部分黄色，有白色斑。复眼肾形。额扁平，近于梯形，具粗大刻点。前胸背板后部中央鼓起，前胸侧瘤突颜色淡。鞘翅长，肩部宽，肩角明显，肩部之后渐窄；端部圆形，具绒毛。

习性：成虫食叶和嫩枝条，幼虫蛀食枝干。

脊薄翅天牛 *Nepiodes costipennis* (White)　天牛科 Cerambycidae

体长 17~33 毫米。体暗红色或锈红色。触角黄褐色，各节端缘稍带黑褐色。鞘翅长方形，黑褐色，翅面纵脊部分红色或黄褐色，两侧近于平行，后端稍狭窄；缘角圆，呈刺状突出。小盾片舌形，微凹。

习性：成虫多在 5~7 月间活动，主要为害柚木等植物。幼虫在枝干中生活。

古薄翅天牛 *Palaeomegopis lameerei* Boppe　天牛科 Cerambycidae

体型大，雌性相对较小。黑色，有光泽。雄性头部大，复眼之后延长。上颚大。触角较短，不超过鞘翅中部，下沿具缨毛，第2节突出。前胸背板表面光滑，背面两侧各有1条弧形纵脊。腹部具显著的红毛。

习性：成虫杂食性。幼虫生活在树干中、蛀干。

台湾坡天牛 *Pterolophia formosana* Schawarzer　天牛科 Cerambycidae

体长10~14毫米。体以褐色为主。触角较短粗，不超过腹末。前胸背板中央两侧白色，外侧具黑色条斑。鞘翅上有明显的大型弧状白斑，是本种的重要鉴定特征。一般雄虫的体色较深，斑纹色彩更艳丽。

习性：成虫栖息在海拔1 500米以下的阔叶林中，白天可以在枯枝落叶间看到。夜间有趋光性。

厚角丽天牛 *Rosalia pachycornis* Takakuwa et Karube　天牛科 Cerambycidae

体长 18~33 毫米。体密被橙色或橘红色绒毛，具黑色斑点。头、触角、小盾片和足黑色。前胸背板具 4 个圆形黑斑。每侧鞘翅具 2 个圆形黑斑。触角长于身体，基部几节的端部膨大，并有黑色绒毛。前胸略呈圆形。鞘翅端部略膨大，末端圆形。

习性：成虫 4~6 月间活动，为害木本植物。幼虫蛀食树干或植株枝条、根部。

毛角蜢天牛 *Tetraglenes hirticornis* (Fabricius)　天牛科 Cerambycidae

体长 6~16 毫米，极细长，梭形，略侧扁。体暗红棕色，密被灰棕色短绒毛。头、前胸背板的中部和两侧各具 1 条灰黑色纵纹，鞘翅背面的灰黑色宽纵纹不明显，翅面分布较稀疏的大刻点。头部与前胸等宽，几乎等长，侧面呈三角形。

习性：成虫在 3~8 月间活动。主要为害白叶藤等植物。

黄带刺楔天牛 *Thermistis croceocincta* (Saunders) 天牛科 Cerambycidae

体长 14~24 毫米。体黑、黄相间，其中黄色为绒毛颜色。头黑色。触角黑色，各节两端具白色绒毛细环。前胸背板中部有大黑斑。小盾片黑色。鞘翅有 3 条黄色横带。足黑色，股节多有黄色绒毛覆盖。触角长于身体，雄性触角长于雌性，触角第 3 节最长。鞘翅端部稍微平截。

习性：成虫植食性，夜间有趋光性。幼虫蛀干。

密点毡天牛 *Thylactus densepunctatus* Chiang et Li 天牛科 Cerambycidae

体长约 27 毫米，体近长方形。体褐色，被棕褐色和棕黄色的细短绒毛。额和前胸两侧具由黄褐色细毛形成的淡色斑纹。鞘翅大部被暗褐色细毛；端半部中央被淡黄褐色细毛，形成淡色宽横带，向中缝渐狭。小盾片被黄褐色毛。鞘翅两侧平行，后端平截。

习性：幼虫蛀食树干、枝条或根。成虫植食性，常见于 4~6 月。

双斑糙天牛 *Trachystolodes tonkinensis* Breuning　天牛科 Cerambycidae

体长 20~27 毫米。体黑色，被棕褐色绒毛，表面粗糙，无光泽。每侧鞘翅中部之后各有 1 个近三角形的黑斑，有黄色边缘，如眼睛；端部着生黑色杂白色的短竖毛。体腹面、足、触角柄节第 3 节被黑褐色、棕褐色或灰白色绒毛。股节端部和胫节基部被淡黄色绒毛。

习性：成虫在 7~8 月活动。幼虫蛀食枝干，成虫食叶或嫩枝条。

丝殊角萤叶甲 *Agetocera filicornis* Laboissiére　叶甲科 Chrysomelidae

体长 9~10 毫米。头、前胸背板红色。触角黑褐色，第 1 节黄色，两侧暗黑色。小盾片、鞘翅蓝紫色。腹面和各足股节黄色，胫节、跗节蓝黑色。雌雄触角异型。前胸背板基部 1/3 较平直。小盾片舌形，有稀疏刻点。鞘翅肩角突出，刻点密集。雄性腹部末端三叶状，中叶中部具 1 条纵沟；雌性中部凸出，两侧凹洼，臀板具“U”形凹刻。

习性：植食性，寄主为乌蔹莓属（*Cayratia*）植物。

阿波萤叶甲 *Aplosonyx* sp.

叶甲科 Chrysomelidae

体型偏小。头、前胸、触角、足黑色；鞘翅淡黄色，具黑色斑纹。触角伸长至鞘翅中部，雄虫第1~3节光亮、第4~11节扁宽，被绒毛；雌虫第4~11节细，无绒毛。前胸背板侧缘边框发达，基缘无边框，端缘具边框，盘区刻点稀疏。小盾片三角形。鞘翅肩角瘤状突出。后足胫节明显长于前、中足，爪发达。

习性：植食性，成虫多在叶片上活动。

异跗萤叶甲 *Apophylia* sp.

叶甲科 Chrysomelidae

体型中等偏小。头后缘、复眼、触角、小盾片、各足胫节和跗节、体腹面褐黑色，鞘翅中央绝大部分区域墨绿色，其余部分黄色。头与前胸等宽。触角细长，可达鞘翅端部，第2节较小。前胸背板中部低洼，具一条横向沟。体背面光滑，腹面和足上有微绒毛。

习性：植食性。成虫生活在植物叶片或枝干上。

长跗萤叶甲 *Monolepta* sp.　叶甲科 Chrysomelidae

体小型。头前半部、触角、各足胫节和跗节黑褐色，鞘翅前半部透明，其余部分橙色。触角长超过鞘翅中部，雄虫第 3 节长于第 2 节，第 4 节一般较第 3 节长得多。前胸背板侧缘和基缘具边框，盘区隆起。小盾片三角形，端部较圆。鞘翅中部之后变宽，端部钝圆。后足胫节端部具长刺，第 1 跗节明显长于其余各节之和。

习性：植食性。在叶片上活动。夜间有趋光性。

凹翅萤叶甲 *Paleosepharia* sp.　叶甲科 Chrysomelidae

体型较小。头、前胸、触角柄节、足基节至股节、身体腹面橙红色。复眼、触角（除柄节外）、鞘翅基部 1/3、各足胫节和跗节黑褐色。鞘翅端部透明。触角细长。前胸背板盘区具明显刻点。小盾片三角形。鞘翅盘区具明显刻点，雄虫小盾片后的区域凹洼，雌虫正常。足较细，胫端具 1 枚长刺，后足第 1 跗节长度超过其余各节之和。

习性：植食性。成虫多白天活动，取食叶片。

拟守瓜 *Paridea* sp. 叶甲科 Chrysomelidae

体型中等偏小。头、触角、前胸、小盾片、各足股节、身体腹面橙色，鞘翅亮黑色，有光泽。触角向后伸展超过鞘翅中部或与体等长，触角间有 1 条纵隆脊，角后瘤较发达。前胸背板前、后缘无边框，侧缘具边框。小盾片三角形。鞘翅肩角之后稍有收缩，末端宽于基部，翅面具密集的刻点。足细长。

习性：植食性。多取食瓜类叶片，并在叶片上活动。

茎甲 *Sagra* sp. 负泥虫科 Crioceridae

体型中等。体以紫色为主，色泽艳丽，有较强金属光泽。触角粗短，超过体长的一半。前胸背板方形，几乎无刻点，前角下侧有纵沟。鞘翅仅中部和肩胛内沿刻点明显。足粗壮，股节粗大，尤以后足为甚，端部常有齿，胫节弯曲。

习性：植食性，取食植物茎干；幼虫可在茎内形成虫瘿，结茧化蛹。成虫喜将后足抬起。

长足象 *Alcidodes* sp.

象甲科 Curculionidae

体型较大。体黑色，前胸两侧被毛状鳞片和白色粉末。喙粗壮，长于前胸。触角位于喙的中部之前。前胸宽大于长，圆锥形。鞘翅刻点大而深。鞘翅基部向前突出，呈叶状，把前胸部分遮盖。前足长而粗，股节各有一齿。胫节中间有齿。

习性：植食性。幼虫蛀食枝条。成虫在植物上活动。

梳象 *Cercidocerus* sp.

象甲科 Curculionidae

体型中等。体色黑，光亮，两侧有白色条斑，背面密布刻点。小盾片白色。喙弧形，在触角着生处略粗，并从此处向下弯折。触角端部向两侧膨大，呈长椭圆形。前胸背板前部有领，包裹球状突出的头部；背面平，中间有 1 道纵脊。鞘翅基部隆起，钝突，翅面上有多条平行纵沟，沟内均匀分布刻点。腹部末端露出。股节弧形，端部膨大。

习性：植食性。成虫在树干或叶片上活动。有假死性。

隐喙象 *Cryptorhynchus* sp.

象甲科 Curculionidae

体型较小。体以褐色为主，被黄色长毛，鞘翅具砖红色斑纹。前胸背板宽大于长，具细的中隆线。小盾片具黑色绵毛。鞘翅短，端部收缩成喙状，具金色鳞片束；鞘翅上黑色鳞片束排成列。各足股节中间最宽，腹面有 2 枚齿，相离较远。

习性：幼虫在树干内蛀食。成虫植食性，在树干周围活动。

枹栎象 *Curculio haroldi* Faust

象甲科 Curculionidae

体长 5~10 毫米。体黑色，表面密布褐色或白色鳞毛。雌雄体型差异明显，雌性喙较长且较弯。头部半圆形，嵌入前胸背板前孔中。胸部粗壮，中胸为身体最宽厚处。各足较细长，股节近端部膨大，呈锤状。

习性：为害枹栎果实。雌虫先以喙钻 1 个小孔，产卵其中。幼虫长到 3、4 龄后，果实坠地，幼虫从落果中钻入土中化蛹。

光洼象 *Gasteroclisus* sp.

象甲科 Curculionidae

体型中等，细长，圆筒状。身体底色黑，密被黄褐色毛。眼圆形，下端尖。喙较粗。前胸圆锥形，两侧中间凹。鞘翅长椭圆形，端部略尖，中部和后部具横向的浅色毛斑。足股节端部略膨大，刺不明显。跗节长而宽。

习性：植食性。成虫会在植物的花上活动。

筒喙象 *Lixus* sp.

象甲科 Curculionidae

体型中等，呈圆柱状。体表覆盖细毛和锈色粉末，前胸背板两侧有明显的细长白斑，鞘翅上的白色条斑由白点密集排列组成。喙圆筒形。触角着生于喙的中间靠前，触角沟在喙的腹面不相接。眼瓜子形。鞘翅细长，略呈圆筒状，刻点粗大。

习性：幼虫和成虫取食的植物种类较多，如藜科、蓼科、锦葵科等。幼虫蛀食茎秆。

鸟喙象 *Otidognathus* sp.　　象甲科 Curculionidae

体型中等，略呈菱形。体以赤褐色和黑色为主，头、触角黑色，前胸背板前部有 2 个位于两侧的方形大红斑，鞘翅前缘基部有 1 个楔形黑斑，中部中央有 1 个黑色大斑，略呈方形。鞘翅末端黑色。足大部分红色，仅股节和胫节相接处黑色，跗节黑色，胫节端部有 1 枚刺。头小，半圆形。喙细长。触角着生于喙基部。鞘翅短于腹末，其上有多列刻点线。

习性：取食单子叶植物茎秆等处。成虫飞行缓慢，飞行时声音较大。

灰象 *Sympiezomias* sp.　　象甲科 Curculionidae

体型较大。体表密被灰白色鳞毛，背面颜色暗。喙长宽约相等，中沟长达头顶，从端部向上逐渐缩窄。触角柄节长达眼中间位置。前胸较大，略呈球形，两侧凸圆，表面散布颗粒。小盾片背面不可见。鞘翅基部有隆线，端部往往缩成锐突。前足胫节内侧有一排齿。

习性：植食性。成虫在植物表面活动。幼虫蛀干。

方翅象 *Tetratopos* sp.　象甲科 Curculionidae

体型中等。体以红褐色为主，鞘翅侧缘前、中、后各有1个黑斑，各足股节端部黑色。头部半球形，嵌入前胸背板。喙延长，棒状。触角着生在延长部分的中部；第1节长棒状，端部有绒毛；其余各节念珠状；末节膨大，端半部被绒毛。前胸背板和头部共同组成近圆锥体。鞘翅方形，腹末露出。各足跗节第3节扩展成扇状。

习性：成虫和幼虫皆为植食性。幼虫生活在植物中蛀食组织，成虫在植物表面取食。

阿卷象 *Agomadaranus* sp.　卷象科 Attelabidae

体型小。体以黑色为主，喙黄色，头顶和两侧有黄色条带，鞘翅中部有黄色网纹条带。足黄色，股节有不规则的黑色斑带。喙短，似鸭嘴。复眼十分突出。头部在眼后呈半球形，与前胸背板相接处明显缢缩。前胸背板略呈方形，前角圆；背板中央有凹沟，两侧有瘤突。鞘翅密布大刻点，使其表面如网格状，各侧翅上分布6枚锥刺，大小不一。足股节近末端膨大。

习性：植食性。成虫在植物叶片上活动。幼虫生活在雌虫卷成筒状的叶片中。

尖齿象 *Lamprolabus* sp.　　卷象科 Attelabidae

体型较小。体以红色为主，表面光亮。喙短粗。复眼圆，黑色。触角长，超出喙前端。前胸圆滑，窄于鞘翅宽度。鞘翅前部靠外侧有1枚大的尖刺，斜向外伸出体侧，刺颜色加深。鞘翅上有多条纵脊。足股节加粗。

习性：植食性。成虫在叶片或茎秆表面活动。雌虫会将叶片卷成筒状，并在其中产卵，幼虫生活于其中。

长颈卷象 *Trachelophorus* sp.　　卷象科 Attelabidae

体型中等。体以红色为主，光亮，仅在某些部位颜色加深。头在眼后区剧烈延伸，使整个头的长度约等于体长。前胸细长，向背部方向延伸，高出鞘翅背面很多。头与前胸结合处似关节，可以活动。喙较短，眼前区似鸭嘴。鞘翅方形，有排列整齐的纵向刻点列；基半部外侧颜色加深，后部中央翅面略凹陷。各足股节末端膨大。

习性：植食性。成虫活动于植株茎秆、叶片表面。雌虫卷叶，产卵其中。

大长角象 *Meganthribus* sp. 长角象科 Anthribidae

体型中等，较窄长。体以灰黑色为主。身体背面有纵贯前后的黄色条带，条带在鞘翅上变多变窄，其上有黑色斑，大小不一。鞘翅中部有1个黑色大圆斑。足黑黄相间。喙稍延伸。复眼半圆形，黑色。触角极长，丝状，数倍于体长。

习性：植食性。成虫在树干上活动。

宽喙象 *Baryrrhynchus* sp. 锥象科 Brentidae

体长10~20毫米，瘦长，体壁光滑。体暗红色，足深红色。鞘翅基部和端部有窄条状橙色斑，中间有“米”字形排列的4个橙色斑。喙鸭嘴状延伸，上颚较发达。触角每一节的端部略膨大，似念珠状。眼较小。前胸背板中央有笔直的纵沟。鞘翅上有较密的纵向刻点线。足股节膨大。

习性：植食性。成虫在朽木的树皮下等环境活动。

十八、双翅目

Diptera

双翅目包括蝇、蚊、蚋、蠓、虻等昆虫，是昆虫纲中居于鞘翅目、鳞翅目和膜翅目之后的第四大目。除了南极洲之外，在全世界都很普遍。我国已知15 600余种。双翅目分为长角、短角和环裂3个亚目。长角亚目的触角在8节以上，包括蚊、蠓、蚋，是比较低等的类群；短角亚目触角在8节以下，通称“虻”；环裂亚目触角通常3节，就是我们通称的“蝇”。

双翅目昆虫体小型到大型。体长0.5～50毫米。体短宽或纤细，圆筒形或近球形。头部一般与体轴垂直，活动自如，下口式。复眼大，常占头的大部。单眼2个（如蠓科）、3个（如蝇科）或缺（如蚋科）。触角形状不一，差异很大，一般长角亚目为丝状，由许多相似节组成；短角亚目有时第3节分成若干环节，端芒有或无。环裂亚目第3节背侧具芒。双翅目昆虫有1对发达的膜质前翅，后翅特化为平衡棒，少数种类无翅。跗节5节。

完全变态。绝大多数两性繁殖，一般为卵生，麻蝇、家蝇和寄蝇等为卵胎生，一些瘿蚊和摇蚊有幼体生殖现象。幼虫生活习性差异很大。许多种类取食腐败的有机质，包括各种腐烂动植物残体和粪便；有些为捕食性，如食蚜蝇取食蚜虫；有些为寄生性，是重要的寄生性天敌；有些取食脊椎动物的血液，引起人类和动物疾病；少数为植食性，如瘿蚊、实蝇、潜蝇等蛀食根、茎、叶、花、果实、种子或引起虫瘿，是重要的农林害虫。成虫几乎总是自由生活，白天活动。它们取食液体食物，如花蜜和其他植物渗出液，或者取食腐烂的有机物。

齿股蝇 *Hydrotaea* sp.

蝇科 Muscidae

体型中等偏小。体色黑。头大，半球状。复眼红色，很大，几乎占满整个头部。胸部背板光亮，末端有稀疏的毛。腹部较短，末端稍尖。翅三角形，停息时平伏，向两侧后方伸展。足较细长，有稀疏的直立毛。

习性：常活跃在粪便周围或家畜附近。

天目溜蝇 *Lispe sericipalpis* Stein

蝇科 Muscidae

体型小。身体较窄长。头球状，复眼间距较大。下颚须特化，末端膨大呈匙形。胸部背板上的毛稀疏，较长，平伏。休息时翅收拢在腹部背面。腹部背面以黑色为主，腹面以黄白色为主，各节有较短的稀疏毛。足细长。

习性：水栖，不能离水生活。捕食性。成虫捕捉水面的各种小昆虫，幼虫捕食孑孓。

原丽蝇 *Protocalliphora* sp.　　丽蝇科 Calliphoridae

体型中等。胸部背面有蓝绿色金属光泽。复眼褐色，雄虫复眼接近，雌虫复眼远离。触角芒羽状或栉状。前胸侧板和腹板具毛。腹部短阔，末端有粗毛或鬃。足黑色，细长，股节上有较密的毛。翅黑色，半透明，超出腹末，翅脉简单。

习性：生活在粪便或腐烂物附近的植物上，也访花。

鼻蝇 Rhiniinae sp.　　丽蝇科 Calliphoridae

体型中等。体黑色，体表密布黑色斑点和稀疏的毛，胸部背面的毛平伏。复眼有反光纹路。口上片突出如鼻状，后头上部大半是裸出的。翅较窄长，翅脉简单。翅下大结节上无立纤毛，下腋瓣裸露。足胫节、跗节褐色，股节有稀疏的直立毛，胫节直立毛主要集中在端半部。

习性：成虫白天活动，有访花行为。

果实蝇 *Bactrocera* sp.　实蝇科 Tephritidae

体型小到中等。体态和颜色模拟蜂类。复眼大，有蓝色金属光泽。胸、腹部以黑色为主，有黄色斑纹。前胸背板两侧有黄色斑点，中胸背板中间和两侧有3道黄色竖纹，后胸背板有大的黄斑。足基部白色，其余黑色。翅黑色透明。腹部背面有1条浅褐色横纹。尾部有1枚尾针。

习性：成虫将卵产于瓜果内，幼虫蛀食果肉，是亚洲、太平洋地区果实作物的重要害虫，也是国际农产品贸易上的重要检疫害虫。

乌罗实蝇 *Urophora* sp.　实蝇科 Tephritidae

体型较小。体表常有黄、棕、橙、黑、白等颜色，以黑、白色为主。头球形，有细颈，侧额鬃完全，额部相当宽阔。复眼大，通常有绿色闪光。有单眼。触角短，倒卧，触角芒生于触角第3节背面基部，光裸或有细毛。中胸发达，背面有3个明显的瘤状突，光亮。翅面常有褐色的云雾状斑纹。

习性：成虫多聚集在植物的花、果实和叶上。

突眼蝇 突眼蝇科 Diopsidae

体型中等。体以红褐色为主。眼柄黑褐色，小盾片的刺黑色，股节略显黄色，翅在腹末位置有大的黑斑。头部两侧突伸成长柄，复眼位于柄端，触角着生于复眼内侧前缘。小盾片有 2 枚垂直于背面的长刺，略弯。翅狭长，前后缘略平行，前缘完整无缺刻。足细长；前足股节粗大，腹面具刺列，多特化。腹部细长，端部膨大如球状。

习性：成虫多栖息于山林间湿润处，喜停歇在植物叶片上。

同脉缟蝇 *Homoneura* sp. 缟蝇科 Lauxaniidae

体型小。全身以灰褐色为主，复眼红色。中胸背板有缝，缝后有 3 根背中鬃。翅透明，有分布较均匀的黑色斑，翅脉深色。胸部背板光滑。雄虫前足胫节不侧扁，中足胫节常有 2~3 根端腹鬃，后足第 2 跗节褐色。翅末端超过腹末很多。腹部毛较多。

习性：幼虫常生活在落叶丛、腐烂的树桩等处，腐食性或菌食性，成虫常生活在林间。

黑缟蝇 *Minettia* sp.　　缟蝇科 Lauxiidae

体型小。体以黑色为主，翅浅黄色，略透明。复眼红色。足棕黑色。腹部黄色至黑色。额宽大于长，前缘平或微凹。触角椭圆形，触角芒柔毛状至长羽状。翅基部有毛，末端超过腹末很多，翅脉简单，明显。

习性：幼虫菌食性或腐食性。成虫喜林间潮湿荫蔽的环境，夜间活跃，有趋光性。

瘦足蝇　　瘦足蝇科 Micropezidae

体型小，纤细，足极长。体暗褐色。复眼暗红色。翅狭长，半透明，黄色至褐色，有时具色带或斑。体表较光滑，毛较少。头部卵圆形，颈部细。中胸延长，尤其是前部。前足为捕捉足，基节与中、后足基节距离较远。

习性：成虫活动于腐败的植物组织或粪便处，或潮湿的草木间。捕食性。

蜂麻蝇

麻蝇科 Sarcophagicae

体型中等，黑色。复眼大，红色。胸部背板有纵向白色条纹。腹部背板前缘有横向白色条纹，条纹在中部间断。下侧片在后气门下方具鬃列。后小盾片不明显。外侧肩后鬃的位置较沟前鬃高或在同一水平上。下腋瓣宽阔，内缘向内凹入，与小盾片镶贴。腹部至少基部2节腹板外露。雄性腹部长卵形或近圆筒形。

习性：成虫生活在粪便、潮湿阴暗的草丛间等类似环境。腐食性。

异鼓翅蝇 *Allospesis* sp.

鼓翅蝇科 Sepsidae

体型小。体以红褐色和黑色为主。翅透明，无翅斑，翅脉黑色。头部卵圆形，具肩鬃，眶鬃退化或缺失。胸部有短的外顶鬃。腹侧片鬃缺失，中侧片粗糙，其他侧板有光泽或灰白粉层。雄虫前足股节端部1/3处有1个大瘤，大瘤前有1个小瘤，小瘤上具2根毛，大瘤上具3~4枚刺。

习性：成虫生活在灌木丛中，停息时两翅展开，在两侧不断来回摆动。

二叉鼓翅蝇 *Dicranosepsis* sp.

鼓翅蝇科 Sepsidae

体型小，形状像蚂蚁。体黑色，光亮。翅透明，翅脉黑色。头部球形或轻微扁平，后头区有一些鬃。触角芒裸。前胸前侧片无鬃。盾片下中板具光泽。中足基节上半部裸，股节直。翅正常，较腹部长，具中等的臀片；腋瓣狭窄，覆盖微鬃，翅瓣上边缘具微毛，下边缘无微毛。

习性：成虫常见于灌木丛间，停息时两翅平展并不断摆动，如划桨。

箭叶鼓翅蝇 *Toxopoda* sp.

鼓翅蝇科 Sepsidae

体型小。头部较大，背面扁平，复眼半球形。后头区具些许鬃，触角芒裸。前胸前侧片无鬃。小盾片下中背处具粉层。足细长，雄性股节与胫节简单；中足基节上半部裸，股节中间弯曲。翅浅褐色，半透明。腹部第 1+2 背板与第 3 背板之间无紧缩。第 9 背板突出或有或无。

习性：成虫常栖息于草丛叶片上，休息时喜将两翅展开，在两侧摆动。

长角蚜蝇 *Chrysotoxum* sp.　　食蚜蝇科 Syrphidae

体型中等偏大。体以黑色为主，外形和颜色模拟蜂类，有亮丽的黄色带和斑。头半球形，与胸等宽。额突出。颜在触角基部略凹。触角长于头，前伸，着生在短的额突上，第3节很长。中胸背板长方形。腹部卵圆形或长卵形，背面拱。足简单。翅褐色，半透明，翅脉简单。

习性：喜阳光，成虫活跃于花丛中或飞行在树林边缘等开阔地带。

黄带迷蚜蝇 *Milesia cretosa* Hippa　　食蚜蝇科 Syrphidae

体型中等。外形和颜色模拟蜂类。头顶红褐色。额前中央淡黄色，两侧红黄色。复眼红褐色。触角褐色，芒端部黑色。中胸背板红褐色，中央有1个大黑斑，小盾片黑亮。腹部第1、2节背板黑色，第2节近基部有1条鲜黄色窄横带；第3节基半部黑色，黑色部分在背板中央向后延伸成三角形斑，不达后缘，其余红褐色。翅前半部黄褐色，后半部透明。

习性：喜阳光，常在花间或芳香植物上飞舞。幼虫腐食性，生活在潮湿的树洞或树桩里。

万氏饰腹寄蝇 *Blepharipa wainwrighti* Baranov

寄蝇科 Tachinidae

体型中等。体黑色，覆灰白色粉被。复眼红色，椭圆形。雄性额宽小于复眼宽的一半，间额由前向后显著变窄，前部宽约为后部宽的2倍。小盾片三角形，后缘红棕色，基半部黑色，两亚端鬃排列距离靠近。翅长三角形，淡棕色，透明。腹部第3背板前半部、第4背板前部1/3、第5背板前沿覆灰白色粉被。

习性：幼虫寄生性。成虫活跃，白天活动，多生活于草丛间。

蚤蝇

蚤蝇科 Phoridae

体长1~3毫米。背面体色偏褐，腹面偏黄。胸部背板隆起，侧面观身体呈“驼背”状。雄虫翅发达，雌性翅较退化。翅膜质透明，无色至褐色。前部3条纵脉明显增粗，后部4条纵脉非常细弱。足发达，股节宽大，中足股节后表面具感觉器官。腹部末节特化成尾须和肛门管。第1~5节腹面膜质，无腹板。

习性：喜生活于潮湿环境中的腐败植物、动物尸体、花或真菌上。

金鹬虻 *Chrysopilus* sp.

鹬虻科 Rhagionidae

体型中等偏小。体被金黄色的毛。雄虻复眼在额上相接，偶尔稍微分离，背部单眼面扩大。雌虻复眼分开很宽。侧背片外部和内部均具毛。停歇时翅向身后呈“八”字形展开。翅透明，有翅痣。足细长，股节黄色，胫节、跗节黑色。

习性：成虫生活于潮湿环境或水边。成虫和幼虫均为捕食性。

鹬虻 *Rhagio* sp.

鹬虻科 Rhagionidae

体型中等。体以黑色为主，足褐色，腹部背板每节端部褐色。雄性复眼在额处相接或稍微分开，雌性复眼明显分开。触角位于头下 1/3 处。唇基长，背向延伸，接近触角基部，两侧与侧颜之间有深沟。触角柄节、梗节大小几乎相等；鞭节小而窄，近锥状。触角芒很长，着生在鞭节末端，与鞭节之间无分界线。足细长，后足基节具前下突。

习性：捕食性。成虫喜欢潮湿环境或在水边生活，停歇时喜欢头朝下。

鬃螳舞虻 *Chelipoda* sp.　　舞虻科 Empididae

体型小。体棕黑色。复眼红色，在额区明显分开，在颜区接近或相接。触角第 1 节较短，有背鬃。喙较短，向下伸，须短小。前足捕捉式，基节细长，几乎与股节等长；股节明显加粗，腹面有两排短黑齿，内外两侧各有 1 排腹鬃；胫节有 1 排倒伏状的黑色端腹鬃。翅有肩横脉，亚前缘脉末端伸达翅前缘。

习性：成虫生活于植物表面、地表。捕食性。白天活跃。

驼舞虻 *Hybos* sp.　　舞虻科 Empididae

体型小。体以黑色为主，各足股节黄色。头部球形。复眼红色，在额区长距离相接。触角基部 3 节较短小。触角芒长丝状，2 节，基节很短。胸部背面明显隆突，半球形。翅超过腹末很多，半透明，臀叶发达。足鬃发达。后足股节较粗，腹面有鬃。

习性：成虫生活环境多为植物表面、地表等处。

艾大蚊 *Epiphragma* sp.　　沼大蚊科 Limoniidae

体型中等偏小，较细弱。体背面有白色、褐色相间的花纹。触角鞭节基部 2~3 节愈合。中胸发达，背板上有黑白相间的纵条纹。翅较宽，超过腹部末端，平衡棒向背面翘起。第 9 背板缺刻两边各有 1 个三角形的叶突。足极细长，基部、股节端部和跗节黑色，其他部位黄色。

习性：成虫喜生活在阴暗潮湿环境中的植物丛中。

长喙大蚊 *Geranomyia* sp.　　沼大蚊科 Limoniidae

体型中等。全身黑色。胸部腹面具白色毛。触角黑色。头球形，颈部明显延长；喙较长，针状。中胸发达，明显隆起，呈半球状。各足基节白色，转节棕黄色，股节基部棕黄色。翅较长，超过腹部末端，平衡棒向背面翘起。

习性：成虫生活在湿地、水边的灌木丛等潮湿荫蔽的环境里。夜间有趋光性。

祚大蚊 *Hexatoma* sp.　沼大蚊科 Limoniidae

体型中等。体细长，黑色，翅和腹部有白斑。喙短，口器位于喙的末端，下颚须一般 4 节。复眼明显分开，无单眼。触角通常 14~16 节，鞭节圆筒形。中胸背板发达，中胸盾片有“V”形盾间缝。足细长，易脱落，基节发达，转节较短。

习性：成虫生活环境为湿地、灌木丛等。

尖头大蚊 *Brithura* sp.　大蚊科 Tipulidae

体型较大，较粗壮。体色以红褐色为主，有白色斑纹。头顶有锥状突起，触角有明显轮状排列的毛。无单眼。中胸背板有“V”形沟，侧背瘤突大，背面常有银色微毛。雄虫翅前缘在翅痣处向外突出。翅上有深色和黄色斑。足细长，股节和胫节相接处黄色。

习性：成虫多栖息在林间。夜间趋光。

短柄大蚊 *Nephrotoma* sp. 大蚊科 Tipulidae

体型中等偏大。体以橙色为主，胸部背板有大片的纵向黑带，腹部背板中央有宽的黑纵带，末端几节黑色。喙短，约为头长的一半。额有隆起的瘤突。雄虫触角长约为头胸长度之和，雌虫触角约为头长的 2 倍；鞭节形状有变化，从圆柱形到肾形，有软毛和触角毛轮。翅一般透明无杂色斑。翅痣黑色。雌虫产卵器尾须长，产卵瓣短于尾须。

习性：成虫生活在潮湿环境中的植物上。夜间会被灯光吸引。幼虫土栖。

峨眉丽大蚊 *Tipula omeicola* Alexander 大蚊科 Tipulidae

体型中等，整体为绒黑色。腹部第 2~5 节背、腹板橘红色，背板侧边黑色。喙短且钝，鼻突短小。触角棕黑色，鞭节具轮毛。中胸前盾片具 4 条灰色纵斑，盾片和小盾片被灰白色粉。足棕黑色。翅无色透明，翅痣褐色。平衡棒黑色。

习性：成虫常活动于阴暗潮湿环境里的植物叶片上。卵产于土中，幼虫腐食性。

翘尾日大蚊 *Tipula phaedina* Alexander　大蚊科 Tipulidae

体型较大，褐色。头顶瘤突发达，中部略凹。喙无明显鼻突。触角短线状；鞭节褐色且具轮毛。胸部被毛。中胸背板具 4 条窄纵斑，中斑深褐色；侧斑棕黑色，具灰白边；盾片两叶各具 2 个相似的棕黑色圆斑。足深褐色。翅灰褐色，具深褐色或黄褐色斑纹，翅痣深褐色。腋瓣具黑色短毛。平衡棒黑褐色。腹部中央橘黄色。

习性：成虫多生活在林间。夜间有趋光性。幼虫多以腐败植物为食。

菌蚊　菌蚊科 Mycetophilidae

体型小。头部以褐色为主，复眼、单眼黑色。胸部背板黑色，光亮。腹部各节背板黑色，有黄色横带。翅褐色，半透明。通常胸部粗壮，隆凸。头部顶端比胸部前端低，胸部厚而结实。体表被细毛。翅长椭圆形，翅脉清晰。足很长，跗节特别长，细弱，胫节端距发达。

习性：成虫生活在潮湿的林地环境里。幼虫取食菌类，有时群聚。

瘿蚊 瘿蚊科 Cecidomyiidae

成虫体型微小，身体纤弱。体以淡黄色为主，头部黑色，足和翅黑色，胸部背面黑色。复眼发达。触角细长，丝状或念珠状。鞭节雌雄异型。中胸背板凸起。翅膜质，半透明，被毛和鳞片。翅脉退化，较简单。足细长、脆弱且易断，被刚毛和狭窄的鳞片。

习性：成虫喜欢生活在阴暗潮湿环境的植被丰富处。飞行能力较弱。幼虫可在植物上形成虫瘿。

叉毛蚊 *Penthetria* sp. 毛蚊科 Bibionidae

体型小。体以黑色为主，中胸背板红褐色。胸部侧板的毛较多。喙较短。触角11~12节。雄性复眼大，在头顶相接，形成1条缝。触角基部下方的颜面形成1个深凹陷。足细长。翅黑褐色，稍微透明。雄虫抱握器位于侧面，较粗大。雌性腹部较大，末端变细，尾须2节。

习性：雌虫在土或腐殖质中产卵，幼虫常群集为害地下根茎和幼苗。成虫访花，取食蜜露。

十九、长翅目

Mecoptera

长翅目昆虫因翅多狭长而得名，通称为蝎蛉。我国已知220多种。该目昆虫大多生活在潮湿的森林、峡谷或植被茂密的地区，在森林植被遭到破坏的地区数量少，不常见，是一类重要的生态指示昆虫。

成虫体中型，细长。头向腹面延伸成宽喙状。口器咀嚼式，位于喙的末端。触角长，丝状。翅2对、膜质，前、后翅大小、形状和脉序相似，翅脉接近原始脉相，有的翅退化或消失。尾须短，雄虫有显著的外生殖器，在蝎蛉科中膨大成球状，并上举，状似蝎尾。

完全变态。卵圆形，产于土中或地表，单产或聚产。幼虫蠋式或蛴螬形，头部发达，上颚锋利，触角很短，分三节，多生活于树木茂密环境中的苔藓、腐木或肥沃泥土和腐殖质中，在土中化蛹。成虫杂食性，主要取食小昆虫，也取食花蜜、花粉、花瓣、果实和苔藓作为补充。蝎蛉科主要食物为死亡的软体昆虫。蚊蝎蛉科捕食各种节肢动物，主要是昆虫，它们可以从植物上或在飞行中捕获猎物，幼虫为腐食性。

图示昆虫为蝎蛉科 Panorpidae 新蝎蛉 *Neopanorpa* sp.。

二十、毛翅目

Trichoptera

毛翅目因翅面具毛而得名，成虫通称石蛾，幼虫通称石蚕。中国已记录有 1 100 余种。

成虫小到中型，外形似蛾类。口器咀嚼式，几乎退化而没有咀嚼功能。前翅略长于后翅，狭窄，翅面密布粗细不等的毛，休息时翅呈屋脊状覆于体背。

完全变态。成虫常见于溪水边，主要在黄昏和晚间活动，白天隐藏于植物中，不取食固体食物，但可吸食花蜜或水。幼虫水生，多取食水生生物或微生物，少数具捕食性，捕食小型昆虫的幼虫。纹石蛾幼虫结固定网和居室，以诱捕小型水生生物为食。其他科的幼虫，可结各种移动巢。结巢习性在多数科中高度发达，巢的形状各异，材料类型多样，如小石头、沙粒、叶片、枝条、松针以及蜗牛壳等都可用来筑巢。蛹为强颚离蛹，水生，靠幼虫鳃或皮肤呼吸。化蛹前，幼虫结一茧，附着于石头或是其他支持物上。蛹具强大上颚，成熟后破茧而出，然后游到水面，爬上树干或石头，羽化为成虫。

幼虫喜在清洁的水中生活，对水中的溶解氧较为敏感，并对某些有毒物质的忍受力较差，因而可用于评估水质和人类活动对水生态系统的影响，同时在流水生态系统的生物测定中有着很重要的作用，现被应用为监测水质的指示种类之一。

单斑多型长角纹石蛾 *Polymorphanisus unipunctus* Banks　纹石蛾科 Hydropsychidae

体型中等。体淡绿色，复眼、触角黑色。小盾片中央具1个黑色圆斑。翅宽大，淡墨绿色，略微透明；翅脉微绿色，颜色浅，不明显。中足腹面密布梳状亮毛。触角丝状，长于体长。

习性：幼虫生活于清洁溪流中，以藻类、植物或其他微生物为食。成虫取食露水、花蜜、植物汁液等。

原石蛾 *Rhyacophila* sp.　原石蛾科 Rhyacophilidae

体型中等。体以黑色为主，散布金黄色斑点。触角黑黄相间，短于翅长，第1节短。下唇须第1~2节短，第3节很长，第4或第5节短于第3节。复眼大，向两侧球形突出。前翅密布细毛，表面颜色由毛的颜色组成。翅脉突起，较明显。各足胫节中部和端部有刺环。

习性：幼虫生活在清冷流水中的石质河床上，取食水中藻类等。成虫夜间有趋光性。

二十一、鳞翅目

Lepidoptera

鳞翅目是昆虫纲中仅次于鞘翅目的第二大目，包括蝶、蛾两类。中国已知 8 000 余种。

成虫的翅展为 3～320 毫米，翅上通常覆盖有层层叠叠的鳞片，特化的鳞片（常如纤毛状）包裹着身体的其余部分和附肢，大部分种类有长长的、能吸吮花蜜的喙，或称为“齿舌”。通常的防御手段包括鲜艳的警戒色或伪装花纹，刺或刺激性的纤毛，有毒物质或难闻的味道，以及拟态其他种类。

鳞翅目昆虫属于完全变态昆虫，一生要经历卵、幼虫、蛹和成虫 4 个阶段，无翅的幼虫通常有适合以植物为食的咀嚼式口器。

蝶类白天活动。蛾类多在夜间活动，常有趋光性。成虫活动主要是飞翔、觅食、交配和寻找适宜的产卵场所。有些成虫有季节性远距离迁飞的习性，如黏虫、稻纵卷叶螟等。幼虫绝大多数植食性。幼虫的生活方式和取食方式差异很大。大型的种类多为裸栖，很多种类有隐栖的习性，如卷叶、折叶和缀叶成巢等。有的种类还会结鞘或吐丝结网等；有的钻入植物组织为害，潜食叶肉，钻蛀茎秆；有的侵蛀芽、花、种子等组织中，有时还能造成虫瘿。生活于土壤中的幼虫咬食植物根部，成为重要的地下害虫。为害仓储粮食、物品或皮毛的种类，是重要的仓库害虫。

玉斑凤蝶 *Papilio helenus* Linnaeus　　凤蝶科 Papilionidae

翅展 95~107 毫米。翅黑色，前翅无斑纹。后翅正面中部有 3 个白色或黄白色斑，近前缘的斑小，半圆形或弯月状；外缘波状，凹陷处有橙黄色斑；臀角处有两个红色斑；雄蝶在外缘还有 1 列新月形红色斑。

习性：雌蝶喜访花吸蜜，雄蝶喜在溪边吸水，飞行能力强。幼虫植食性。

红绶绿凤蝶 *Pathysa nomius* (Esper)　　凤蝶科 Papilionidae

翅展 60~65 毫米。体背面黑色，腹面淡白色。翅黑色或黑褐色，前翅正面前缘中部有 5 条淡绿色横纹，基部的 1 条直达后缘；亚外缘有 1 列小白斑，其中第 2 个斑与其他斑不在一条直线上。后翅尾突细长，有白边。后翅反面靠近身体的区域有 1 条纵贯前后的红带。

习性：成虫喜欢取食花蜜，雄蝶会在湿地上吸水。幼虫取食植物叶片。

巴黎翠凤蝶 *Papilio paris* Linnaeus　凤蝶科 Papilionidae

翅展 95~125 毫米。体黑褐色，散布绿色亮鳞。后翅端有 1 个明显的叶状尾突。后翅前侧有 1 个蓝绿色亮斑，与后翅中央的绿色亮线连接。后翅臀区有 1 个紫红色圈纹。翅腹面褐色，前翅外侧有灰白色斑带；后翅内侧有 1 片黄褐色鳞，沿外缘有 1 列紫红色弦月纹。

习性：成虫一般在树林高处活动，飞行迅速，警觉性高而且很少停息。幼虫取食芸香科的柑橘类植物。

柑橘凤蝶 *Papilio xuthus* Linnaeus　凤蝶科 Papilionidae

翅展约 100 毫米。体侧有灰白色或黄白色毛。体、翅的颜色随季节不同而变化，翅花纹黄绿色或黄白色，夏型雄蝶的后翅前缘多 1 个黑斑。前翅外缘有 1 列新月形斑纹。后翅基半部斑纹顺脉纹排列，被脉纹分割；亚外缘区有 1 列蓝色斑，有时不明显；外缘区有 1 列弯月形斑纹，臀角有 1 个环形或半环形红色斑纹。

习性：幼虫喜食芸香科植物，如柑橘。成虫白天活动。全国柑橘区均有分布。

裳凤蝶 *Troides helena* (Linnaeus)　凤蝶科 Papilionidae

翅展 120~160 毫米，雌虫大于雄虫。触角、头、胸部黑色，头、胸侧边有红色的绒毛，腹部浅棕色或黄色。雌蝶前翅黑色或褐色，后翅中间大部分金黄色并分布有黑斑点。雄蝶前翅黑色，略透明，翅脉两侧白色；尾翼金黄色，无斑点，脉纹清晰。

习性：生活在低海拔山区，成虫喜欢滑翔飞行。幼虫取食植物叶片。

优越斑粉蝶 *Delias hyparete* (Linnaeus)　粉蝶科 Pieridae

成虫体长 18~27 毫米，翅展 57~78 毫米。体以灰白色为主，密生白色绒毛，触角黑色。前翅基本为白色，主要的花纹为沿着翅脉的黑色条纹。后翅较鲜艳，反面亚外缘有大片的红斑，基半部和后缘底色为黄色。

习性：成虫喜访花，常群集于河边湿地处吸水。幼虫植食性。

报喜斑粉蝶 *Delias pasithoe* (Linnaeus) 粉蝶科 Pieridae

翅展 48~76 毫米。成虫前翅正面黑色，翅室有界线模糊的白色长卵形斑。后翅正面基部红色，中域白色，被黑色翅脉分割；外缘黑色，散布白点；臀区黄色。前翅反面黑色，有白色斑。后翅反面翅基部红色，其余翅面大部分黄色，翅脉和翅缘黑色。

习性：成虫春季出现，似报春花。已知寄主有桑寄生科、檀香科、大戟科的部分种类。

檗黄粉蝶 *Eurema blanda* (Boisduval) 粉蝶科 Pieridae

翅展约 46 毫米。翅黄色至黄白色。前翅外缘稍有波纹，有黑色或黑褐色宽带，与黄色界线分明；后翅外缘具黑褐色窄带，或外缘有黑色小斑点；翅反面散布褐色斑点，前翅中室有 2~3 个褐色小斑。

习性：成虫常在花丛中吸食花蜜，或在湿地吸水。幼虫取食植物叶片。

宽边黄粉蝶 *Eurema hecabe* (Linnaeus)　粉蝶科 Pieridae

翅展 46~50 毫米。翅黄色至黄白色；前翅外缘平直，有黑色或黑褐色宽带，与黄色区界线分明，黑带在臀角区前明显加宽；后翅外缘亦具黑色或黑褐色带，有时黑带较窄，特别是夏季高温时羽化的成虫。翅反面散生褐色斑点，翅中室有 2 个小褐点。

习性：成虫喜欢访花，喜食花蜜。幼虫取食植物叶片。

青斑蝶 *Tirumala limniace* (Cramer)　斑蝶科 Danaidae

体型较大。翅黑褐色，具淡青色半透明斑。翅反面翅脉间散布大小不一的白色斑点。前翅外缘、亚外缘各具 1 列斑纹，亚外缘斑排列整齐；中室内有 1 条棒状纹，中室端有 1 处肾形纹，中室端外有 5 条棒状纹，中室端下方有 3 个白斑。

习性：成虫喜访花，活动于树林边缘或林间阴处。幼虫取食植物叶片。

红锯蛱蝶 *Cethosia biblis* (Drury)　蛱蝶科 Nymphalidae

体长 21~26 毫米，翅展 60~68 毫米。翅橘红色，外缘黑色；前翅顶角黑色，亚外缘内侧有“V”形白斑；前后翅外缘锯齿形。有时会出现黑色型个体，橘红色变为灰褐色。翅反面每侧各有 20 个形似“唱歌”的人脸形斑，又被称为“歌星蝶”。

习性：成虫喜访花，特别是马缨丹，也吸食腐烂的水果。幼虫取食植物叶片。

白带锯蛱蝶 *Cethosia cyane* (Drury)　蛱蝶科 Nymphalidae

翅展 60~80 毫米。雄蝶正面橘红色；前后翅外缘黑色，锯齿状，有齿形白纹；前翅正面亚顶区黑色，有白色斜带。雌蝶后翅以白色为主，中域至翅基有 4~5 列黑色斑。雌、雄蝶前翅反面的中室内有 6 条黑横线。翅反面颜色、花纹丰富。

习性：成虫在林边、灌木丛等较低处活动，飞行姿态缓慢。喜欢在马缨丹等植物上吸食花蜜。

网丝蛱蝶 *Cyrestis thyodamas* Boisduval　蛱蝶科 Nymphalidae

翅展 55~60 毫米。翅正面白色或淡黄色，翅面的线条与斑纹由黑褐色、赭色、黄色等混合形成，有许多条纹横贯前后翅，与翅脉形成网纹，并形成大小不一的白色斑块。前翅顶角尖，后角有 1 个赭色杂以黄绿色的斑。

习性：成虫喜访花，或吸食发酵腐果或动物粪便。幼虫植食性。

暗斑翠蛱蝶 *Euthalia monina* (Fabricius)　蛱蝶科 Nymphalidae

体型中等。体以褐色为主。前翅前缘末端有 2 个紧挨的白色大斑。前后翅正面靠近身体的部位有多个褐色圈纹。翅外缘内侧有 2 条暗色线，线内翅面颜色较深。翅反面红褐色，靠近身体的部分有黑色线纹。前足退化，停歇时前足收起，不做支撑。

习性：成虫白天活动，访花。幼虫植食性。

枯叶蛱蝶 *Kallima inachus* (Boisduval)　　蛱蝶科 Nymphalidae

翅展 75~105 毫米。整体拟态枯叶。前翅顶角和后翅臀角突出；前翅具 1 条黄色斜纹，上下各有 2 个小白点。停息时翅的反面与枯叶一般，有时会模拟出枯叶的霉点。

习性：成虫多停息在树干或有落叶的地方，喜吸食树液、发酵水果汁或湿地上的水，不常访花。幼虫取食植物叶片。

林蛱蝶 *Laringa horsfieldii* (Boisduval)　　蛱蝶科 Nymphalidae

体型较小。翅正面以灰褐色为主，中部区域有宽的、边界模糊的灰白色带纹。前后翅交界处和后翅基半部有蓝色鳞粉。翅外缘波形，有白色断续弧边。翅脉颜色较浅。前足退化，停歇时前足收起，不做支撑。

习性：成虫访花，生活在灌木或花丛间。幼虫取食植物叶片。

小豹律蛱蝶 *Lexias pardalis* (Moore)

蛱蝶科 Nymphalidae

体型中等。体以黑色为主，触角端部橙色。雌雄异型：雄蝶个体较小，翅面近乎全黑，仅后翅外中域有闪蓝色的宽带区，翅反面砖红色，散布许多小黄斑；雌蝶较大，前翅外缘有灰色宽边，后翅具宽蓝紫色带，翅面散布黄色斑点。

习性：成虫常停栖和飞行于热带雨林的阴暗处。幼虫植食性。

西藏俳蛱蝶 *Parasarpa zayla* (Doubleday)

蛱蝶科 Nymphalidae

体型中等。翅正面黑色，前翅中域贯穿黄色或淡黄色宽带；后翅中域的条带白色，由前缘到内缘逐渐变窄，呈楔形。前后翅外缘各室具尖角斑纹，各室相连呈波浪状。后翅反面基部至白带内缘区域为浅蓝色。

习性：幼虫取食忍冬科植物。成虫多见于6~8月，飞行速度快，栖息于高海拔林边，喜阳光，有访花习性，亦可落地吸食水或发酵物。

窄斑凤尾蛱蝶 *Polyura athamas* (Drury) 蛱蝶科 Nymphalidae

翅展 75~85 毫米。翅正、反两面花纹类似，反面颜色稍淡。翅黑色，前后翅组成的翅面中央有 1 个大的长椭圆形青绿斑；与凤尾蛱蝶相比，斑较窄，占翅面一半以下。前翅尖角靠近大斑处有 1 个近圆形的青绿色小斑，外缘向内弧形凹陷。后翅外缘波曲，内侧有 1 排斑点。后翅有 2 条尾突，黑色，中央有蓝青色纵条斑。

习性：成虫飞行快速，不喜访花。常吸食腐败果实、动物尸体或排泄物、树汁等。

肃蛱蝶 *Sumalia daraxa* (Doubleday) 蛱蝶科 Nymphalidae

体型中等。前翅顶角和后翅臀角尖出，翅正面黑色；从前翅近顶角处到后翅贯穿一条浅绿色或白色带，前部 4 个斑点分离，顶角靠外缘有 1 个白点；隐约可见淡色亚缘线和 1 列黑点。后翅亚外缘各室有 1 个黑点，臀角有红褐色斑。

习性：幼虫取食杨柳科植物。成虫多见于 4~10 月，常在晴天快速飞行于林间，无访花习性，喜欢落地吸食水或矿物质。

曲纹拓灰蝶 *Caleta roxus* (Godart) 灰蝶科 Lycaenidae

体型中等。翅正面底黑色，从前翅中室端到后翅后缘近基部有1条白色宽带，略呈青色。尾突细，似触角。翅反面青白色，外缘黑带中有白色点列。前后翅基部有1条较直的黑带。前翅外横带分前后2段，后翅外横带分3段。

习性：成虫喜欢吸食花蜜和水分。幼虫植食性。

曲纹紫灰蝶 *Chilades pandava* (Horsfield) 灰蝶科 Lycaenidae

成虫翅展略小于30毫米。体黑色，被白色长绒毛。前后翅正反面颜色差异很大。正面以蓝灰色为主，外缘灰黑色。翅面有金属光泽。休息时翅树立，折叠于背部，露出的翅反面以后翅为主。后翅主要分布3层斑纹，靠近翅基部1层全为具白边黑斑。尾突附近有假眼斑，外缘黑色，内缘红色。

习性：幼虫取食苏铁类植物，部分地区为害较严重。成虫访花。

浓紫彩灰蝶 *Heliophorus ila* (de Nicéville et Martin) 灰蝶科 Lycaenidae

翅展约 32 毫米。雌雄异型。雄蝶翅正面黑褐色，前翅基部有深蓝色闪光，后翅外缘的橙红色纹仅达翅外缘的一半。雌蝶黑色，前翅中部有 1 个橙黄色大斑，无深蓝色闪光；后翅外缘有橙红色条纹。翅反面橙黄色，外缘鲜红色。后翅尾突短小。

习性：成虫吸食鸟类排泄物、花蜜和湿润地面上的水分。幼虫植食性。

锯灰蝶 *Orthomiella pontis* (Elwes) 灰蝶科 Lycaenidae

体型中等。雄蝶翅正面暗褐色，有紫色光泽；后翅前缘带宽，黑色；前、后翅均无斑纹。翅反面灰白色，前翅中室内、中室端、中室下各有 1 个褐色斑，有由 6 个斑块排成的中横带。后翅前缘有 2 个显著的棕色圆点，其余斑纹排成不规则的中带。雌蝶有很宽的前缘带与外缘带，缘毛明显，黑白相间。

习性：成虫喜欢吸食花蜜或在溪边吸食水。幼虫植食性。

黑燕尾蚬蝶 *Dodona deodata* Hewitson 　蚬蝶科 Riodinidae

翅展约35毫米。体型在蚬蝶中较大。翅正面中央有纵贯前后的白色条纹；条纹内侧棕色，外侧黑色。前翅外缘平整，黑色区域内散布小白斑。后翅外缘波曲，有3条白线；末端有尾突。翅反面颜色主要为白色和褐色，褐色为底色，白色为纵贯前后的条斑和翅边缘点斑。后翅靠近尾突区域有几个橘红色斑点。

习性：成虫多见于5月初至6月中下旬，常见于密林中，很少在开阔的地域活动。

斜带缺尾蚬蝶 *Dodona ouida* Hewitson 　蚬蝶科 Riodinidae

体型中等。翅面黑色至暗褐色，前翅具3条橙黄色带，翅中部的2条带斜生，中间1条与外缘1条在臀角处相接，顶角处具1~2个白点。翅反面栗褐色，前翅前缘中部和亚端部斑明显，后翅尾突短宽。

习性：成虫主要栖息在树林边缘。幼虫取食灰叶杜茎山。

波蚬蝶 *Zemeros flegyas* (Cramer)　蚬蝶科 Riodinidae

翅展约 35 毫米。翅面红褐色，脉纹浅红褐色。脉纹间颜色主要为黑、白、灰三色，每个白点的内侧均连有 1 个黑色斑。前后翅外缘波曲，后翅外缘中部突出明显。翅反面颜色较淡，斑纹清晰。头、胸、腹黄色，复眼深色。触角黑色，密布白色环纹。

习性：成虫较活泼，常见于林间小路，白天活动。幼虫取食鲫鱼胆植物的叶片。

黄室弄蝶 *Potanthus* sp.　弄蝶科 Hesperiidae

体型中等偏小。翅正面底色为黑褐色，斑纹黄色或橙黄色。雄蝶前翅具线状性标。后翅中域有 1 条黄色宽横带，基部有 2 个斑。翅反面具黑色边缘线，前翅亚外缘带外侧和后翅横带两侧有黑色斑。

习性：幼虫取食禾本科植物，成虫多见于 5~10 月，多栖息于林缘、溪谷或草地，具访花习性，可见落地吸食水、矿物质或发酵物。

白带黛眼蝶 *Lethe confusa* Aurivillius　　眼蝶科 Satyridae

翅展约60毫米。前翅黑褐色，中域有1条白色斜带，顶角处有2个小白斑。翅反面除具备正面斑纹外，前翅顶角处还有4个眼状斑。后翅有淡色波曲的内线、中线、外线和缘线，亚缘有6个眼状斑，前缘处眼斑最大。雌雄差异不大。

习性：幼虫取食桂竹。成虫生活于低、中海拔山区，常于树林阴暗处活动，喜欢吸食树液、腐果、湿地水液等。

凤眼蝶 *Neorina patria* Leech　　眼蝶科 Satyridae

体型大。翅正面黑褐色。前翅前缘有1条宽的白色斜带，中室有勺状黑纹，近顶角有2个小白斑。后翅前部外缘有白色斑块。反面黑褐色，亚外缘具2道黑色波状线纹。前翅顶角处、后翅顶部和臀角区各有1个大而清晰的眼斑。

习性：幼虫取食竹类植物。成虫多见于5~8月，喜阴，常见飞行于森林低处，落地吸食水或矿物质，喜欢吸食动物粪便等发酵物。

雅粉灯蛾 *Alphaea khasiana* (Rothschild)　　灯蛾科 Arctiidae

翅展 50~52 毫米。头黑褐色，头顶白色。下唇须、触角黑色，触角端部（除顶尖外）白色。翅基片黑色，两侧白色。胸黑色。足黑褐色，前足基节有黄毛，股节有白斑。腹部黑色，基节有黄毛，背面（除末端外）有橙黄色带，腹面有浅黄色带。前翅黑褐色，翅斑白色。后翅黄色，翅脉褐色。

习性：幼虫啃食植物叶片，可造成危害。成虫夜间活动，有趋光性。

广亮鹿蛾 *Amata sladeni* (Moore)　　灯蛾科 Arctiidae

翅展 32~38 毫米。触角黑色，端部 1/3 白色。头橙黄色，头顶黑色。翅基片橙黄色，具黑边。胸部黑色，背面具 1 对黄色纵斑，末端有 1 个横斑。足暗褐色，第 1 跗节白色。腹部黑色，各节有黄斑。翅浅黄色、透明，基部具黄鳞，翅脉黑色，后翅翅斑大。

习性：成虫白天会停栖在叶面、墙角或花丛中，主要吸食花蜜。幼虫植食性。

闪光玫灯蛾 *Amerila astreus* (Drury)

灯蛾科 Arctiidae

翅展 40~74 毫米。头、胸部灰白色至褐灰色，额上部、触角基节和头顶具黑点，触角基节腹面黑色，颈板、翅基片、肩角和前、中、后胸有成对的黑点。前足和中足基节侧面有黑点，腹部背面玫瑰红色，腹面灰白色，侧面有 1 列黑点。前翅褐白色，中部白色，半透明，基部有 2 个黑点。后翅褐白色，中区半透明。

习性：幼虫取食植物叶片。成虫夜间活动，有趋光性。

乳白斑灯蛾 *Areas galactina* (Hoeven)

灯蛾科 Arctiidae

翅展 66~100 毫米。头顶白色，或多或少染红色。额黑色。触角黑色。翅基有黑褐色点。胸部具黑褐色宽纵带，颈板具红边。前翅黑褐色，翅斑黄白色，斑纹大小变异较大。后翅橙黄色，基部染红色，横纹脉具黑点或新月形纹。

习性：成虫夜间活动，生活在低、中海拔山区。幼虫植食性。

丝丘苔蛾 *Churinga metaxantha* (Hampson)　灯蛾科 Arctiidae

翅展约 64 毫米。体以暗褐色为主，复眼周围橙红色，胸部背面前端有 2 个方框形橙色斑，足主要为暗褐色，有少许橙色斑，腹部背面黄色，末端和腹面橙色。前翅暗褐色，前缘内半部具黄边，外缘具黄边。翅反面前缘橙色带从基部达副室上方。后翅橙黄色，端带暗褐色；前缘宽，在臀角上方变窄。

习性：成虫一般夜间活动，有趋光性。幼虫植食性。

猩红雪苔蛾 *Cyana coccinea* (Moore)　灯蛾科 Arctiidae

翅展 22~41 毫米。胸部背面突起。雄蛾红色。前翅基部稍有黄色或白色，黑色内线在前缘向内弯曲，外侧有宽的红带；前翅中部有 2 个黑色圆斑，黑色外线在前缘下方向外弯，内侧有 1 条红带，端带红色。后翅红色。前、后翅缘毛黄色。翅反面红色。

习性：成虫白天多栖息于树干和叶片上，夜间活动。幼虫植食性。

欧朵苔蛾 *Dolgoma oblitterans* Felder

灯蛾科 Arctiidae

翅展 26~32 毫米。体黄灰色至黄褐色，复眼黑色。胸部背面具油亮密毛。雄蛾前翅外线暗褐色，边缘模糊；外线在翅中间处向翅端部折角。前翅中室基部稍有粗鳞片脊，中室下方有 1 条沟。后翅淡黄色。有些雌性个体前翅外线不明显。

习性：成虫夜晚有趋光性。幼虫植食性。

土苔蛾 *Eilema* sp.

灯蛾科 Arctiidae

体型中等。头红褐色。喙发达。下唇须从背面可见，平伸达额处，第 2 节下方具毛。额圆。单眼退化，有弱的痕迹。雄蛾触角具纤毛和鬃。足细长，胫节距较短。腹部被粗毛。前翅长而窄，黑褐色，前缘黄褐色。翅面常有污浊感。

习性：幼虫主要取食地衣。成虫夜间活动，有趋光性。

春鹿蛾 *Eressa confinis* Walker

灯蛾科 Arctiidae

翅展 20~34 毫米。雄蛾触角双栉状，黑褐色，触角尖端或多或少有白色。中、后胸具黄斑。腹部背面、侧面、腹面各有 1 列黄点。前翅中部有 3 个被翅脉分离的椭圆形透明斑，近端部有 4 个透明斑，大小不同。后翅中室端部有 1 个白斑，中室下方有 1 个斑。

习性：成虫喜欢访花，白天活动，飞行缓慢。幼虫植食性。

奋苔蛾 *Nishada* sp.

灯蛾科 Arctiidae

体型中等。体以黄褐色为主，复眼黑色。触角基部宽，向端部渐细。翅折叠在背后时体形略呈钟形，前翅前缘在体侧向两边弧形弯曲。翅末端平齐，有短的梳状毛。雄蛾翅后缘有大块膜质脊，后缘具毛缨。

习性：成虫夜间趋光，在灯下可以见到。幼虫植食性。

普苔蛾 *Prabhasa* sp.　　灯蛾科 Arctiidae

体型中等。触角线形，具鬃。单眼退化，微有痕迹。下唇须细长，向上稍伸过额。前翅窄，在翅顶角前缘微向上拱，后缘长直；中室长，超过翅长的一半，中室具褶和重叠斜置的鳞片缨。后翅顶角延长，中室为翅长的一半稍多，后缘短。体细长，长于后翅。

习性：成虫生活在低、中海拔山区，夜晚有趋光性。幼虫取食植物叶片。

苏苔蛾 *Thysanoptyx* sp.　　灯蛾科 Arctiidae

体型中等。触角线形，具长的鬃和纤毛。下唇须平伸，第 2 节被毛缨。足细长。前翅长而窄，雄蛾中室基部具长鳞片缨，翅反面中室端有褶。翅收起时，胸部背面与相邻的翅形成 1 个大的黑色圆斑。身体后半部翅面中央组成 1 个矩形的大黑斑，黑斑端部两侧的翅外缘各有 1 个小的黑圆斑。

习性：成虫适应夜间生活，有趋光性。幼虫植食性。

黄黑瓦苔蛾 *Vamuna alboluteola* (Rothschild) 灯蛾科 Arctiidae

翅展 45~55 毫米。体以白色为主，触角、复眼、足黑色。前翅中部有 1 道较宽的黑色横带，黑带靠近头部一侧边缘整齐，靠近翅末一侧边缘弯折。前翅末端边缘为黑色。前翅折叠后身体两侧约平行，与胸部同宽。

习性：成虫有趋光性，夜间活动。幼虫植食性。

白黑瓦苔蛾 *Vamuna remelana* (Moore) 灯蛾科 Arctiidae

翅展 42~60 毫米。雄蛾纯白色，下唇须上方、额横斑、触角黑色，各足股节末端、前足与中足胫节外侧、跗节节间带黑色。前翅外线斜带紫褐色，有时消失；前缘具黑边；翅顶外缘前部黑色。后翅中室外有 1 个紫褐色斑点。雌蛾前翅外带减缩为 1 个黑褐点，位于中室后角。

习性：幼虫以地衣为食，成虫具趋光性。

弓艳青尺蛾 *Agathia arcuata* Moore

尺蛾科 Geometridae

体型中等。前翅长15~18毫米。触角线形，额圆而突出，鳞片粗糙。前翅外缘光滑，后翅顶角通常圆，外缘具齿。翅大部分区域鲜绿色，外缘褐色；翅上具褐色带状斑，斑边缘黄色，斑内部具白线。后足胫节有2对距，雄虫后足胫节通常膨大，有毛束。

习性：幼虫称为尺蠖，拟态枝条，植食性。成虫停歇时翅面平铺。

大艳青尺蛾 *Agathia codina* Swinhoe

尺蛾科 Geometridae

体型中等。触角线形，下唇须第3节较光滑。前翅外缘较平滑，后翅外缘有2个齿状突。翅面鲜绿色，外缘具灰黑色水渍状斑点。前翅前缘具灰白色带，基部具褐色斑。后翅后缘具较大的灰褐色斑，散布黑色短线。

习性：成虫具趋光性，停歇时翅平展。幼虫取食植物叶片，具拟态性。

绿尺蛾 *Comibaena* sp. 尺蛾科 Geometridae

体型中等。额、触角黄白色，触角上的栉状毛黑色。胸部和腹部背面绿色，前胸具长绒毛。翅面绿色，后翅后角尖，外缘浅弧形，光滑；前后翅翅缘白色，翅面具白色小斑点。前翅反面上半部通常淡绿色，下半部和后翅绿白色。

习性：幼虫称为尺蠖或造桥虫，植食性。成虫有趋光性。

红带大历尺蛾 *Macrohastina gemmifera* (Moore) 尺蛾科 Geometridae

翅展 20~24 毫米。触角线形，雄虫具短纤毛。额隆起，头顶和胸部背面深褐色，头顶前缘有 1 条白线。腹部背面黄白色，第 1 腹节背面黑色。前翅外缘波状，后翅外缘深锯齿状。前翅基部至外线深褐色至黑褐色，散布银鳞。后翅基半部淡灰黄色，可见紫褐色中线残迹。

习性：幼虫植食性，不太活跃，拟态性强。成虫夜间有趋光性。

川匀点尺蛾 *Percnia belluaria sifanica* Wehrli　尺蛾科 Geometridae

体型中等稍大，前翅长 29~31 毫米。额和头顶后半部灰色。胸腹部背面淡黄色，有排列规则的黑斑。翅灰白色；散布黑斑，大小较均匀，靠近翅外缘的黑斑较多，大体排列成线形。翅外缘黑点线外侧有由不规则灰色斑组成的灰色带。

习性：幼虫植食性，拟态树枝。成虫有趋光性。

黄纹旭锦斑蛾 *Campylotes pratti* Leech　斑蛾科 Zygaenidae

体型偏大。前翅长 30~35 毫米。头、胸、腹部蓝黑色，腹部下方和侧板黄色。翅脉蓝黑色，脉间有红色或黄色斑。翅基半部为条斑，端半部为点斑，斑具黑边。前翅基半部外缘斑红色，内缘斑黄色，且到翅中部渐变为红色。前翅端半部点斑全为黄色。后翅基部、前缘、外缘和后缘黄色，均被翅脉和横线切割成斑列。

习性：幼虫取食果树和林木叶片，成虫白天在植物丛间活动。

蓝紫锦斑蛾 *Cyclosia midamia* (Herrich-Schäffer)　斑蛾科 Zygaenidae

体型中等，雌性比雄性略大。雌雄颜色相似。口器发达，下颚须萎缩。触角和身体上的蓝紫色有闪光。前翅端半部有稀疏的白斑。翅黑色，翅顶蓝色，翅外缘的白斑沿边缘排列较整齐，白斑周围有蓝色晕纹。雄蛾后翅经常有白条，雌蛾后翅很少有白条。腹部蓝褐色，腹节两侧和腹面有 1 对白斑。

习性：成虫白天多在花丛间活动。幼虫植食性。

越银纹刺蛾 *Miresa demangei* de Joannis　刺蛾科 Limacodidae

体型中等。雄虫触角双栉状，雌虫触角线状。额、头顶和胸背黄色，胸部具赭红色毛。前翅红褐色，翅基部和中部具银白色斑，中部色斑略呈三角形。前翅外缘具波形银白色线，缘毛色与翅色相似。后翅红褐色。

习性：幼虫是农林业害虫，取食枣、苹果、梨、杏等果树叶片。成虫夜间趋光。

绿刺蛾 *Parasa* sp. 刺蛾科 Limacodidae

体长约 12 毫米。雄虫触角羽状，雌虫触角丝状。头、胸背面绿色，胸部中央具褐色纵带，腹面灰褐色，身体末端灰黄色。前翅绿色，翅基部外缘有暗褐色半圆斑。后翅灰褐色，臀角稍灰黄色。足褐色，毛浓密，后足胫节有 1 对距。

习性：成虫有趋光性。卵产于叶背面，块状。幼虫群集，取食植物叶片。

球须刺蛾 *Scopelodes* sp. 刺蛾科 Limacodidae

体型中等。下唇须很长，向头顶前方伸出，下唇须末端有球状毛簇，从远处观察明显可以发现头顶的白色毛球，较易识别。雄蛾触角栉状，雌蛾绒丝状。体以褐色为主，头腹面和腹部大部分区域橙黄色，腹部背面各节有横向黑色条斑。停息时腹部向背面钩状翘起。

习性：幼虫体表有毒刺毛，接触到皮肤会有疼痛感。成虫夜间活动。

条背天蛾 *Cechenena lineosa* (Walker)　　天蛾科 Sphingidae

体型大，翅长约 50 毫米。体橙灰色，头和肩板两侧有灰白色鳞毛。触角背面灰白色，腹面棕黄色。胸部背面棕褐色，有棕黄色背线。腹部背面有棕黄色、绿色相间的纵条纹。前翅自顶角至后缘基部有橙灰色斜线，翅中部靠近前缘区域有 1 个黑点，翅基部有黑白相间的毛丛。

习性：幼虫以凤仙花、葡萄等植物为食。成虫夜间有趋光性。

青背斜纹天蛾 *Theretra nessus* (Drury)　　天蛾科 Sphingidae

体型大，翅长 56~65 毫米。体褐绿色，头和胸部两侧有灰白色缘毛，胸部背面有橙黄色带。腹部背面中央褐绿色，两侧有橙黄色带，腹面橙黄色，中部有灰白色带。前翅褐色，基部和前缘暗绿色。后翅黑褐色，外缘至后角有灰黄色带。翅反面灰橙色，散布紫褐色细点。

习性：幼虫取食芋、水葱等。成虫夜间有趋光性。

南方豆天蛾 *Clanis bilineata* Walker

天蛾科 Sphingidae

体型大，翅长 60~65 毫米。体以灰色为主。胸部背线褐色。腹部背面灰褐色，两侧枯黄色。中、后足胫节外侧银白色。前翅灰褐色，前缘中央有灰白色斑。后翅棕黑色，前缘和后角附近枯黄色，中央有 1 条较细的灰黑色横带。前、后翅反面枯黄色。

习性：幼虫主要以葛属和黎豆属植物为食。成虫夜间有趋光性。

鹰翅天蛾 *Oxyambulyx ochracea* (Butler)

天蛾科 Sphingidae

体型大，翅长 50~55 毫米。体以橙褐色为主。胸部背面两侧黑色。腹部第 6 节两侧和第 8 节背面有黑色斑。胸、腹部腹面橙黄色。前翅褐色，内线不明显；中线和外线褐绿色，波状；顶角弯曲呈弓状，似鹰翅；内线近前缘和后缘处有 2 个黑色圆斑；后角内上方有褐色和黑色斑。后翅黄色，有较明显的黑色中带和外缘带。

习性：幼虫取食核桃等植物叶片，以蛹在地下的茧内过冬。6~8 月为成虫盛发期。

土色斜纹天蛾 *Theretra latreillei* (Macleay) 天蛾科 Sphingidae

翅展 75~85 毫米。体以土黄色为主。胸部背线棕色，腹部第 3 节两侧有 1 个黑色斑，第 6~8 节背中央有棕褐色斑点，尾端有白色毛丛。前翅各横纹不明显，翅基有黑斑；自顶角至后缘有 3 条棕褐色斜纹，靠近后缘的 1 条最明显；外缘灰色，中室端有 1 个黑色小点。后翅棕黑色，前缘和后缘棕黄色。

习性：成虫多于 3~12 月出现，生活在平地至中海拔山区，夜晚有趋光性。

鬼脸天蛾 *Acherontia lachesis* (Fabricius) 天蛾科 Sphingidae

翅展 100~200 毫米。头部棕褐色，胸部背面有人面形纹，眼纹周围有灰棕色大斑。前翅黑、青、黄色相间，内、外横线各由数条深浅不同的波状线条组成，中室上有 1 个灰白色斑点。后翅杏黄色，有 3 条宽横带。

习性：成虫受到惊扰时会在地面飞跳，并发出“吱吱”的声音。

间纹炫夜蛾 *Actinotia intermediata* (Bremer)

夜蛾科 Noctuidae

翅展约 35 毫米。翅面颜色模拟木质纹理。前翅灰色和褐色相间，翅后缘近基部有 1 条黑色细纵纹，伸达臀角位置；纵带中央有隔断；翅中间有 1 个灰白色的弯柱状斑，如木头的节；翅末有多个白色剑形斑。

习性：成虫夜间活动，有趋光性。幼虫取食植物叶片。

殿尾夜蛾 *Anuga* sp.

夜蛾科 Noctuidae

体型中等偏小。喙发达。下唇须向上伸，第 2 节较宽，第 3 节短。额无突起，有鳞脊。雄蛾触角一般长于前翅，有栉齿。胸部无毛簇，腹部背面无毛簇，臀区毛簇长。前翅窄长，停息时翅向两侧水平伸直，身体呈“T”形。

习性：幼虫植食性。以蛹越冬。成虫夜间有趋光性。

斜线关夜蛾 *Artena dotata* (Fabricius)　　夜蛾科 Noctuidae

翅展 57~60 毫米。头、胸、前翅棕色。前翅有黑褐色细点，外区颜色浓，端区灰白色；内线外斜至后缘中部，环纹为 1 个黑棕色点，肾纹为 2 个黑色圆斑；外线微波浪形，后端达臀角；内线、外线均衬灰色，端线双线波浪形。后翅黑棕色，中部有 1 条蓝白色弯带，外缘蓝白色，缘毛黄白色，中段褐色。

习性：成虫傍晚和夜间活跃，有趋光性。幼虫植食性。

乡委夜蛾 *Athetis thoracica* (Moore)　　夜蛾科 Noctuidae

翅展 25~30 毫米。全身以黄褐色为主。复眼和触角黑色。体腹面白色。前翅前半部分黄褐色，后半部分浅褐色有紫色感，内线隐约可见。翅末中间有 1 个黑点，黑点前有 1 条横向的贯穿翅前后缘的白线。

习性：成虫白天于隐蔽处休息，夜间活动，有趋光性。幼虫植食性。

朽木夜蛾 *Axylia* sp.　夜蛾科 Noctuidae

体型中等。喙发达，上唇须斜向上伸出，额光滑。停息时身体呈圆柱状，色彩模拟一段枯枝。翅后缘在身体背部重叠部分为黄白色，其他区域深褐色。头顶以黄白色为主，周围红褐色。复眼黑色。触角颜色浅。头后部与胸接触的部分红褐色。

习性：成虫通常夜间会被灯光吸引。休息时触角常向两边平展。幼虫植食性。

晕星夜蛾 *Bagada magna* (Hampson)　夜蛾科 Noctuidae

翅展 38～44 毫米。体以褐色为主。头部黄褐色，胸部背面毛丛的表层白色。前翅以红褐色为主，前缘黄白色，后缘黑色，端部紫红色，翅末端有栅栏状斑。足黄白色，密布黑色斑纹。停息时翅较平伏。触角水平伸展。

习性：成虫白天躲在树叶间隙，夜间活动，有趋光性。幼虫植食性。

斑夜蛾 *Borbotana nivifascia* Walker
夜蛾科 Noctuidae

翅展 22~26 毫米。头、胸深褐色，后胸有白斑。前翅灰棕色，内线和外线之间棕色；内线白色，波浪形；肾纹大，白色；外线白色，与肾纹连在一条线上，前端位于肾纹前，呈 1 个白斑，在肾纹外侧微弱，在肾纹后为白线，在翅后缘为白斑；端线黑色。后翅浅褐色。

习性：幼虫主要取食白菜、芥蓝、青花菜、甘蓝等植物。成虫夜间活动。

红晕散纹夜蛾 *Callopistria repleta* Walker
夜蛾科 Noctuidae

翅展 30~40 毫米。雄虫触角中部明显弯曲。胸、腹部背面有稀疏的毛簇，金黄色。前翅棕黑色，有白色、褐色、赭红色纹。翅 1/3 分界处有 2 条白色双线纹，纹间黑色。以此双线纹为界，前 1/3 翅面以褐色为主，其余以黑色为主。

习性：幼虫取食蕨类植物。成虫夜间活动，有趋光性。

小裸纹夜蛾 *Chrysodeixis minutus* Dufay　夜蛾科 Noctuidae

体型中等。体以褐色为主。胸、腹部背面有毛簇并向上竖起，胸部毛簇最高。前翅中间部分有明显的金色碎斑，其他区域也有不明显的金色小斑。翅后缘中央有1个长三角形的黑斑，末端有边界模糊的黑色条带。

习性：成虫夜间较活跃，有趋光性。幼虫植食性。

白条夜蛾 *Ctenoplusia albostriata* (Bremer et Grey)　夜蛾科 Noctuidae

翅展约35毫米，体长12~16毫米。体以黑色或褐色为主。胸、腹部具高耸的毛簇，胸部尤为明显，背面观呈“V”形。前翅中部具1条黄白色斜带，肾纹具黑边；亚端线棕黑色，锯齿形。后翅淡褐色，外半部颜色较深。

习性：幼虫取食菊科植物，可取食入侵的加拿大一枝黄花。成虫夜间趋光。

黄褐艳叶夜蛾 *Eudocima aurantia* (Moore)　夜蛾科 Noctuidae

翅展约 113 毫米。头部与胸部黄褐色，头顶、颈板、翅基片基部略显淡紫红色和少许白色，后胸毛簇锈褐色。足褐黄色，胫节有白斑。前翅翅尖外突，呈小舌状，翅黄褐色，散布白点；翅脉上有黑褐点；有 1 条较直的黑褐线自顶角内斜至后缘凹陷处中部，内侧微衬紫色。后翅黄色，具黑斑。

习性：幼虫取食果树叶片。成虫夜间活动，有趋光性。

凡艳叶夜蛾 *Eudocima fullonica* (Clerck)　夜蛾科 Noctuidae

翅展约 90 毫米。头、胸、前翅黄褐色。前翅翅脉上有细黑点；基线、内线黑褐色，较直；肾纹不明显；外线微曲，内斜；内线、外线之间暗褐色；亚端线微黄色，自顶角内斜，后半不明显，中段外侧带暗绿色。后翅橘黄色，中部有 1 条黑色曲带，端区有 1 条黑色宽带，前端内展近翅基部，内缘锯齿形。

习性：生活在中、低海拔山区。成虫夜间有趋光性。幼虫植食性。

斑艳叶夜蛾 *Eudocima hypermnestra* (Stoll) 夜蛾科 Noctuidae

翅展 80~85 毫米。雄蛾头、胸、前翅黄绿色。前翅有暗棕色碎纹和白色碎斑；翅基部有 1 条褐色线，翅后部 1/3 处有 1 条较直的褐色线，两线之间有大的白色斑；翅外缘灰色。后翅黄色，端区有 1 条黑色带，前宽后窄；外缘有 1 列白斑；臀角大白斑内侧有 1 个弧形白斑。腹部黄色。

习性：幼虫化蛹时吐白色丝，混合叶片包成茧。成虫夜间有趋光性。

荣夜蛾 *Gloriana ornata* (Moore) 夜蛾科 Noctuidae

翅展约 130 毫米。头、胸部褐红色并杂有黑褐色，触角背缘紫黑色。下唇须向前伸出，从背面明显可见，第 2 节外侧紫灰色，第 3 节紫黑色。胸部腹面有暗灰色毛。足黑褐色。前翅橙红色，有黑色波曲细纹，纹路模拟叶脉。后翅紫黑色，端缘有 1 条黄色带。

习性：幼虫植食性。成虫多夜间活动，有趋光性。

毛胫夜蛾 *Mocis undata* (Fabricius) 夜蛾科 Noctuidae

体长约 20 毫米，翅展 40~50 毫米。头、胸、前翅暗褐色。前翅内线较粗，褐色，外斜，末端外侧具 1 个黑斑点；中线褐色，波浪状；外线黑色；环纹为棕色小圆点；肾纹大，灰褐色；亚端线浅褐色，波浪形；端线黑色。后翅褐黄色，外线黑褐色，翅外缘中部具 1 个褐斑。

习性：幼虫取食大豆、鱼藤等。成虫夜间有趋光性。

辐研夜蛾 *Mythimna radiate* (Bremer) 夜蛾科 Noctuidae

翅展约 34 毫米。头、胸、腹、前翅白色，复眼黑色。前翅翅脉白色，衬以暗褐色，各翅脉间另有暗褐色纵纹；基线仅前端呈现 1 个黑点，内线只显现为几个黑点；中室下角有 1 个暗褐色点；外线为一系列黑点；顶角有 1 条黄白色斜纹。

习性：成虫夜间活动性较强，会被灯光吸引。幼虫植食性。

琳赛缺角夜蛾 *Ortopla lindsayi* Hampson　夜蛾科 Noctuidae

体型中等。体以黑色、褐色为主，白色、灰色的斑分布较散碎。后翅以褐色为主。前翅前缘中部有 1 个明显的突出扩展区域。胸部背面区域的鳞毛较厚密，灰色。足黑色，有白色环斑，股节的毛较厚，胫节较细。

习性：成虫有趋光性，夜间会被灯光吸引。幼虫植食性。

显长角皮夜蛾 *Risoba prominens* Moore　夜蛾科 Noctuidae

翅展 33~36 毫米。头、胸部背面白色或灰褐色，前翅颜色主要有灰色、白色、绿色、褐色等，色斑较碎。前翅端部线波曲，翅尖的黑褐色较浓；后翅白色，端部褐灰色。腹部暗棕色。休息时翅平伏，整体呈三角形。

习性：成虫白天不活跃，夜间有趋光性。幼虫植食性。

修虎蛾 *Sarbanissa* sp.　　夜蛾科 Noctuidae

体型中等。喙发达。下唇须向上伸，第 2 节约达额中部，前端有毛。额突截锥形，有隆起的边。复眼较大，雄蛾触角有纤毛。胸部有毛和鳞，无毛簇。前足胫节有长毛。腹部背面有 1 列毛簇。前翅后缘大部分黑色，两翅并拢后与头、胸部形成 1 个长椭圆形的、以黑色为主的大斑。

习性：成虫白天活动，吸食水或花蜜，飞行能力强。幼虫植食性。

旋目夜蛾 *Speiredonia retorta* (Linnaeus)　　夜蛾科 Noctuidae

体长约 20 毫米。雌雄体色显著不同。雌蛾褐色至灰褐色，前翅蝌蚪形黑斑的尾部与外线近平行；外线黑色，波状，外侧至外缘有 4 条波状黑色横线，其中 1 条由中部伸至后缘。雄蛾紫棕色至黑色，前翅蝌蚪形黑斑的尾部上旋与外线相连，外线至外缘有 4 条波状暗色横线，上端不达前缘。

习性：成虫夜间活动，有趋光性。

绕环夜蛾 *Spirama helicina* (Hübner)　夜蛾科 Noctuidae

体型中等，前翅长约30毫米。头、胸深棕色。体色由身体前端至后端逐渐变浅。停息时翅平伏。前翅黑棕色，肾纹后部膨大旋曲，外线双线黑色；外线外侧带黄色，至旋纹后膨大，并斜伸至后缘。后翅内半部暗褐色，外半部褐黄色。

习性：幼虫取食合欢叶片。成虫夜间活动，有趋光性。

蕊夜蛾 *Stictoptera* sp.　夜蛾科 Noctuidae

体型中等。喙发达。下唇须向上伸，第2节达头顶，第3节长，端部稍膨大。额上有毛簇。雄蛾触角长，有纤毛，基节内侧有毛簇。翅基片上缘有三角形直立毛簇。前胸毛簇略散开，后胸有成对的小毛簇。前翅稍窄长，顶角较钝，外缘斜曲，锯齿形。翅以土黄色为主，褐色斑纹较散碎。

习性：成虫趋光性强。卵单产于叶梢上。幼虫白天栖息于枝条上，夜间取食。

掌夜蛾 *Tiracola plagiata* (Walker) 夜蛾科 Noctuidae

翅展 51~55 毫米。头部与胸部黄褐色，下唇须背面观仅露出一点，第 2 节外侧黑棕色。前翅黄褐色，端区暗灰色，中部外缘红褐色；基线只有端部有 1 个黑点，其后有一些棕点；内线黑棕色，波浪形；环纹微带褐边；肾纹大，红棕色。后翅烟褐色。

习性：以蛹在土中越冬，初孵幼虫有群集习性，幼虫白天栖居暗处，傍晚出来取食。

弓须亥夜蛾 *Hydrillodes lentalis* Guenée 裳蛾科 Erebidae

翅展约 19 毫米。头部褐色，下唇须长而弯。触角线形，有细短毛。胸部褐色，足暗褐色。前翅以淡褐色为主，基部和外线外侧颜色较深；中线褐色，波浪形；翅末端因鳞片稀少而呈灰白色。后翅浅灰褐色，有短小的深褐色横纹脉，外线深褐色。腹部褐色。

习性：幼虫取食化香树，其粪便可做虫茶。成虫夜间有趋光性。

亥夜蛾 *Hydrillodes* sp.　裳蛾科 Erebidae

体型中等。停歇时身体外形约为等腰三角形，头部较突出。复眼较大，向头部两侧呈半球状突出。体以黑色或黑褐色为主。翅末端有 2 排小点，内侧 1 排白色，外侧靠近翅末端有 1 排黑色，小点排列不在一条直线上。翅前缘中后部有 1 个不明显的半圆形斑。

习性：成虫夜间活动，易被灯光吸引。幼虫取食植物叶片。

垩瘤蛾 *Nola calcicola* Holloway　瘤蛾科 Nolidae

体型中等。体以银白色为主，体表鳞片较厚。胸部背面有淡蓝色光泽。前翅有 2 条断续的黑色横线，翅面散布褐色碎斑，翅末端有淡蓝色的条带。足黑色。头顶前伸的 2 个角状物为下唇须。喙退化，无单眼，前足胫节的距较长。

习性：成虫夜间活动，有趋光性。幼虫植食性。

双带埌舟蛾 *Acmeshachia albifascia* (Moore)　　舟蛾科 Notodontidae

翅展 65~76 毫米。头和胸部暗红褐色，雄蛾触角双栉状，雌蛾触角线状。翅基片边缘和后胸毛簇末端颜色较暗。腹部黄色。前翅暗红褐色，基部的亚端线有 1 条白色纵带，内、外线不清晰，中央灰白色。后翅黄色，翅脉红褐色。

习性：幼虫取食植物叶片，成虫常产卵于寄主植物上。成虫夜间有趋光性。

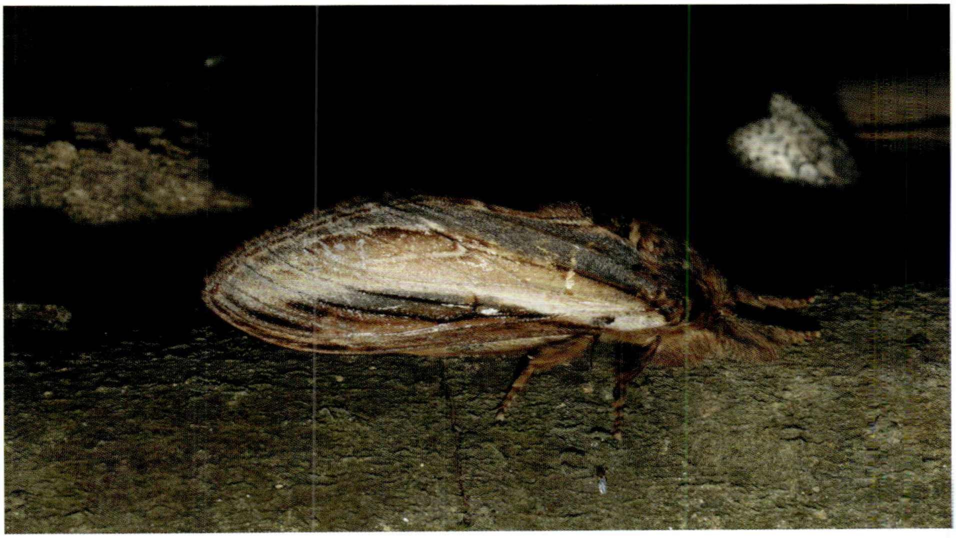

本奇舟蛾 *Allata benderi* Dierl　　舟蛾科 Notodontidae

翅展 38~44 毫米。雄蛾触角的栉状分支两侧等长。头和胸部背面暗红褐色，毛丛较稀疏。头顶和前胸背板中央黑色，颈板浅黄褐色。前翅中室之前的区域灰褐色，后半部暗红褐色；中室后部有 1 个近似刀形的银斑。后翅灰褐色，缘毛颜色较浅。

习性：幼虫静止时以腹足固定在植物枝干上，呈舟状。成虫夜间有趋光性。

褐带绿舟蛾 *Cyphanta xanthochlora* Walker　舟蛾科 Notodontidae

翅展约55毫米。下唇须暗黄褐色。触角线状，暗黄褐色。头部有黑褐色的直立短毛簇。前胸绿色，中、后胸棕褐色。腹部黄色，背面有褐色毛。前翅绿色，中室有1个褐色小点；翅上有1条棕色与黄色混杂组成的宽横带，横带从顶角斜伸到翅后缘中部后折向翅基部；缘毛绿色。后翅黄色；外缘区散生褐色鳞片，形成松散的宽带；缘毛黄色。

习性：幼虫取食植物叶片。成虫夜间活动，有趋光性。

间蕊舟蛾 *Dudusa intermedia* Sugi　舟蛾科 Notodontidae

翅展71~104毫米。头部褐色。颈板、胸部背面黄褐色，前胸中央有2个黑点，背部毛簇分长短两种，长毛簇端部黑色。中、后足胫节末端具白环。前翅黄褐色，基部深褐色，有3个小黑点；翅中央有1条暗褐色宽斜带。后翅暗褐色，前缘内半部和后缘颜色较浅。

习性：成虫不活跃，颜色与树皮相近，不易被发现。幼虫植食性。

黑蕊尾舟蛾 *Dudusa sphingiformis* Moore

舟蛾科 Notodontidae

翅展 70~89 毫米。头、触角黑褐色。前、中胸背面黄褐色，各有 2 条褐色线。前翅黄褐色，基部有 1 个黑点，前缘有 5~6 个暗褐色斑，中央的褐色斜带不清晰，缘毛暗褐色。后翅暗褐色，前缘基部和臀角灰褐色。

习性：幼虫静止时靠第 2~4 腹足固定在叶柄或枝条上，前后端翘起如龙舟，受惊后前端不断颤动以示警戒。雄成虫夜间会将腹末举起，呈 2 个大的球形花蕊状，散发性激素。

篝波纹蛾 *Gaurena florens* Walker

舟蛾科 Notodontidae

翅展 35~42 毫米。触角红褐色，头部灰黄色。胸部毛簇褐色。腹部毛簇黄褐色，具光泽。前翅底色深橄榄色，有黄绿色、白色或黄色的带和斑；缘线由 1 串白色新月形纹组成；缘毛黄白色、黑棕色相间。后翅灰棕色，具光泽。

习性：在云南，最早可于 3 月中旬见到成虫，最晚为 10 月上旬。成虫分布海拔高度为 800~4 000 米。

花箐波纹蛾 *Gaurena florescens* Walker

舟蛾科 Notodontidae

翅展约 34 毫米。头部黄白色，略带棕色。触角青褐色。胸部青褐色，具浅黄色斑，胸部背面后方有 1 簇浅黄色毛。腹部黄棕色。前翅深橄榄色，散布大小不一的黄白色小点，翅外缘为 1 列半月形浅黄色斑。后翅浅褐色，基部颜色浅；缘线细，黄褐色；缘毛浅黄色与棕色相间。

习性：成虫多分布在海拔 800~4 000 米处，夜间活动。幼虫植食性。

尖锯舟蛾 *Kamalia tattakana* (Matsumura)

舟蛾科 Notodontidae

翅展 55~87 毫米。下唇须上缘和额黑色，触角双栉状。头、颈板和胸部白色，略带黄色。胸部背面中央有两列共 6 个黑点，腹部背面中央有 1 条明显的白色纵带。前翅白色略黄，具丝质光泽，全部斑纹黑色，基部有 3 个黑点。后翅白色；横脉纹模糊，灰黑色；从前缘中央到臀角有 1 条不清晰的暗带。幼虫鲜绿色，背面有 1 条饰白边的粉红色带。

习性：幼虫取食红花天料木、杨、柳等。成虫夜间活动，有趋光性。

魁舟蛾 *Megashachia fulgurifera* (Walker) 舟蛾科 Notodontidae

翅展约 99 毫米。触角基部和背面灰白色，其余部分棕色，基部有棕色的毛簇。头和胸部背面黄褐色。前翅长，顶角尖，底色黄褐色，中部的纺锤形银纹长而清晰；翅面上有 1 条淡红褐色纹和 2 条互相平行的银白色斜纹，基部有 1 条钉状镶浅黄边的黑褐色纵纹。后翅黑褐色，基半部有浅黄色的斑块。缘毛浅黄褐色。

习性：成虫夜间有趋光性，白天活动较少。幼虫植食性。

裂翅舟蛾 *Metaschalis disrupta* (Moore) 舟蛾科 Notodontidae

翅展 20~55 毫米。雄蛾触角双栉齿形；分枝短，几乎到末端；基节有毛簇。头部白色。颈板和胸部中央黄白色，有红褐色斑。翅基片暗红褐色。腹部暗褐色。前翅黑褐色；翅中央有 1 条浅白色带纹，延伸到内线中央时被 1 个白斑和紧靠其内侧的土黄色斑代替。后翅暗褐色。

习性：成虫有趋光性，多在夜间活动，静止时呈舟形。幼虫植食性。

多刺梭舟蛾 *Netria multispinae* Schintlmeister　舟蛾科 Notodontidae

体型中等。触角双栉形。头顶有长柔毛。胸部背面被浓厚的毛，毛的颜色较杂，整个毛丛略显脸面的轮廓。前翅长而阔，基部被白色绒毛；中部褐色，前后边缘颜色较深；端部灰绿色，与翅基部颜色相同；翅边缘颜色较白。

习性：成虫常在夜间活动，有趋光性。幼虫植食性。

栎掌舟蛾 *Phalera assimilis* (Bremer et Grey)　舟蛾科 Notodontidae

翅展 44~75 毫米。停息时远看像 1 根白色枯枝。下唇须和额棕色，头顶、颈板黄白色。胸部背面前半部黄褐色，后半部灰白色。腹部背面黄褐色。前翅灰褐色，具银色光泽；顶角斑淡黄白色，有时呈三角形，斑内脉间具黄褐色纹；横脉纹肾形，黄白色，中央灰褐色；缘毛棕色。后翅暗褐色，有 1 条模糊的灰白色外带。

习性：老熟幼虫在土中化蛹越冬。成虫夜间活动，有趋光性。

伞掌舟蛾 *Phalera sangana* Moore　舟蛾科 Notodontidae

翅展 77~80 毫米。下唇须暗棕褐色。额暗褐色至黑褐色。触角基部毛簇、头顶黄白色。颈板灰褐色，后缘有 1 条黑褐色线。胸部暗褐色。前翅黄褐色，顶角斑暗棕色，斑内缘弧形平滑，外缘锯齿状。内、外线间有 4 条不清晰的暗褐色波浪形横线。缘毛棕色。

习性：成虫多夜间活动，趋光性强。幼虫静止时靠腹足固定，头尾翘起，受惊时不断摆动。

拟宽掌舟蛾 *Phalera schintlmeisteri* Wu et Fang　舟蛾科 Notodontidae

翅展 50~75 毫米。额、下唇须棕色，头顶、颈板黄褐色。胸前半部黄褐色，后半部灰白色。腹部背面黄褐色，各节通常有暗褐色的横带。前翅灰褐色，具银色光泽；顶角斑淡黄色，较长；横脉纹肾形，黄白色；中央灰褐色；缘毛棕色。后翅暗褐色，具 1 条模糊的灰白色外带。整体模拟 1 节树枝。

习性：幼虫受惊吓时会抬起身体前后端，静止不动。成虫夜间活动，有趋光性。

盾纹绢野螟 *Agrioglypta itysalis* Walker　　螟蛾科 Pyralidae

翅展 21~26 毫米。成虫停息时翅平伏，前翅打开，露出部分后翅。后翅露出部分前 2/3 为亮白色，与亮白色的腹部和前翅后缘共同组成钟形或盾形区域。前翅基部 2/3 花纹多为三角形，边缘清晰。翅中部有 1 个纵贯前后缘的三角形褐色斑，该斑前部宽，顶角在翅后缘处，中部有 1 个蓝色细长斑，紧挨此斑的两侧为亮白色区域。翅缘毛白色。

习性：成虫夜间活动频繁，有趋光性。幼虫植食性。

毛丛螟 *Coenodomus* sp.　　螟蛾科 Pyralidae

体型中等。体表的毛较多，胸部背面两侧有长而密的亮毛。体色青、绿、黄、灰等多种颜色混杂。远观与长苔藓的树皮色型相似。翅基部区域有较长的毛，后翅后缘毛很长，盖住腹部两边。翅缘毛长，褐色、青色相间。腹部背面后半部青绿色。体表有金属光泽。

习性：成虫多夜间活动，有趋光性。幼虫取食植物组织。

绒野螟 *Crocidophora fasciata* (Moore)　　螟蛾科 Pyralidae

体型较小。体以褐色为主，足灰白色，复眼黑色。前翅中部有 1 条黄色波状横带；外缘横带较宽，向内渐窄；末端缘毛黄色。停息时翅平伏，身体呈三角形，翅中部横带相接。腹部背面各节后缘黄色。

习性：幼虫会卷叶，藏于其中。成虫夜间活动，有趋光性。

曲纹蕨螟 *Cymoriza taiwanalis* Shibuya　　螟蛾科 Pyralidae

体型中等。休息时前翅水平展开，露出后翅的绝大部分，仅后翅前缘基部被覆盖。体以褐色为主，有多处白斑。前后翅白斑分布类似：翅基部 1/3 处有由白色小斑组成的以翅基部为圆心的弧形虚线；端部靠内有 2 个大的水渍状白斑，大体呈弧形排列，靠外部有 1 条细的白色弧线；中央褐色区域中有 1 个小的白斑，边缘黑色。

习性：成虫夜间活动，会被灯光吸引，停靠在附近植物上。幼虫植食性。

赭缘绢野螟 *Diaphania lacustralis* (Moore)　螟蛾科 Pyralidae

翅展40~43毫米。体以棕褐色为主，头部茶褐色。下唇须下部白色，上部褐色。胸部两侧褐黄色，背面淡黄色，腹面白色。腹部基部淡黄绿色，末端茶褐色。翅白色，半透明，有绢丝质感的淡红色闪光。前翅周缘包围褐色宽带。后翅大部分与前翅中央颜色一致，外缘褐色，亚外缘深黑色，缘毛白色。

习性：幼虫植食性，多数钻蛀取食。成虫夜间有趋光性。

粉绢野螟 *Glyphodes pulverulentalis* Hampson　螟蛾科 Pyralidae

体型中等。成虫体色艳丽，前后翅斑纹相似。翅面规则分布着长方形的有金属光泽的区块。区块的颜色随角度不同而变化，主要为蓝色和橙色。反光区块周围有由黑色点斑组成的虚线。靠近翅端部色块较模糊。翅缘毛褐色。

习性：成虫夜间会在灯光下活动。幼虫植食性。

黑点蚀叶野螟 *Lamprosema commixta* (Butler)　　螟蛾科 Pyralidae

翅展约16毫米。体色主要有黑、黄、白三色。腹部背面各节后半部黑色，前半部白色。足黑、黄两色杂间。触角红褐色。前后翅色斑类似，为黑、黄、白混杂的散斑，排列不规则。翅缘毛较长，浅黄色。

习性：成虫夜间有趋光性，会停靠在树皮等与体色相近的地方。

长臂彩丛螟 *Lista haraldusalis* Walker　　螟蛾科 Pyralidae

体型中等偏小。休息时翅平伏，前翅盖住后翅。头部、胸部、前翅基部1/3和前缘2/3的翅面密布黑色点状小斑。翅中部为扇形黄色区域，端部1/3为褐色条状纵带，纵带间为白色间隔线。这一区域与前述区域间由1条黑色线和1条黄色宽条带隔开，黑线在内侧。

习性：成虫夜间有趋光性，会停靠在光源附近的植物叶片上。幼虫植食性。

缀叶丛螟 *Locastra muscosalis* (Walker) 螟蛾科 Pyralidae

翅展 30~34 毫米。体色从头部至翅末端分为三部分：头部至身体一半处深褐色，有较厚的毛；中部较窄的区域有横向的浅绿色带，带中有由黑点组成的横线；中部至翅端为深绿色，颜色如苔藓。翅缘毛红褐色与黑色相间。

习性：成虫夜间活动，有趋光性。幼虫植食性。

短梳角野螟 *Meroctena tullalis* (Walker) 螟蛾科 Pyralidae

翅展 35~38 毫米。触角基部 1/3 梳状。体以黄色为主，下唇须褐色。前翅端部 1/4 褐色，后翅仅翅外角褐色。前后翅散布黑色不规则斑点，斑点大致组成 3 条以翅基部为圆心的弧形虚线。停息时前后翅打开、平伏，弧形虚线相连。

习性：成虫夜间活动，容易被灯光吸引。幼虫取食植物组织。

瘤丛螟 *Orthaga* sp.

螟蛾科 Pyralidae

体型中等。体以褐色、白色为主。头、胸部背面中央有明显的白色条带。前翅中部区域以白色为主，约占翅面积的一半。白色区域边缘为黑色边界，内部散布黄褐色点。翅正面其余部分以红褐色为主。翅缘毛黑黄相间。

习性：成虫多夜间活动，有趋光性。幼虫植食性。

艳双点螟 *Orybina regalis* (Leech)

螟蛾科 Pyralidae

翅展 34~38 毫米。头黄色，触角、下唇须暗红色。下唇须向前平伸，约为头长的 3 倍。胸、腹部背面赭黄色，腹面白色。前翅后缘和臀角附近橙黄色，其他区域红褐色；内横线黑褐色，向外倾斜；外横线深红色，向内倾斜；前缘中部有 1 个黄绿色三角形斑纹，斑纹外侧有 1 个齿状突出；缘毛赭红色。后翅粉红色，外横线深红色。

习性：幼虫主要取食柑橘叶。成虫有趋光性。

绿野螟 *Parotis* sp. 螟蛾科 Pyralidae

体型中等。体色几乎全为浅绿色。触角黄色，复眼黑色，前翅前缘黄褐色。前后翅颜色一致，绿色。翅面沿翅脉呈折扇状起伏，起伏不明显。翅缘毛黄褐色。腹部末端黄褐色。足黄绿相间。

习性：成虫夜间活动，会停在灯下的植物叶片上。幼虫植食性。

白斑黑野螟 *Pygospila tyres* (Cramer) 螟蛾科 Pyralidae

翅展 43~46 毫米。体背面黑褐色，腹面黄白色，前胸背面有 5 条白色纵纹，中、后胸及腹部背面有 4 条白色纵纹。雄蛾腹部末端有黑褐色毛丛。翅黑褐色，具紫绢光泽。前翅有 14~15 个大小不等的透明斑。后翅除基半部有 4 条透明纵带外，还有 11 个大小不等的透明斑。

习性：幼虫取食新鲜植物或各种贮藏植物，在茎秆内、树杈间、土壤中吐丝化蛹。

纹窗水螟 *Stegothyris diagonalis* (Guenée)　　螟蛾科 Pyralidae

翅展 18~22 毫米。体以白色为主，额、下唇须上侧黑色，触角淡黄色，肩片黄褐色，胸部两侧前角黑褐色，背面、腹部白色。前翅底白色，前缘、外缘黑褐色，中室端脉处有 2 个黑色斑纹，前缘靠近顶角处有 1 条伸向后缘的淡褐色细斜线。后翅白色，外缘黑褐色，由前缘至后缘有 1 条黑褐色细线。缘毛淡褐色。

习性：成虫多在夜间活动，有趋光性。幼虫植食性。

灰背网丛螟 *Teliphasa erythrina* Li　　螟蛾科 Pyralidae

体长约 36 毫米。前翅基部 2/3 白色，其中散布黑色点斑，点斑在翅中间部位密集，几乎连成片。前翅端部 1/3 深褐色，翅脉处颜色更深。褐色和白色区域相接处为折线状淡褐色窄带，窄带与白色区域间有黑色斑点组成的线。翅缘毛深褐色、浅褐色相间。

习性：成虫夜间活动，栖息于光源附近的树干上。幼虫植食性。

黄螟 *Vitessa suradeva* Moore　　螟蛾科 Pyralidae

体型较小，翅长 5~8 毫米。雄性比雌性小，但色泽较深。体以灰黑色为主。触角鞭状。下唇须灰色，与头部等长。复眼较大，有青蓝色光泽。头、胸、翅的前 1/3 为黄色，有黑色斑点。翅斑纹较复杂，中部底色灰白色，有黑色喷涂状色块，端部有栅栏状黑色条斑。

习性：喜潮湿，水田、湿地较多。成虫有一定的趋光性。幼虫植食性。

弓缘残翅螟 *Xenomilia humeralis* (Warren)　　螟蛾科 Pyralidae

翅展 32~40 毫米。头、唇须橙褐色，上唇须第 2、3 节外侧有黑点。胸部背面银白色，腹部深灰色。前翅黄褐色，肩角扩大成弯弓状；顶角尖，外缘内侧向内凹陷；内、外横线由浅黑色双线组成，内横线弧圆，外横线弯曲。后翅黄褐色，外横线外侧黑褐色。翅缘毛灰褐色。静止时翅合拢，后缘中部有 1 个半圆形缺口。

习性：成虫夜间活动，有趋光性。幼虫植食性。

半带黄毒蛾 *Euproctis digramma* (Guerin)　　毒蛾科 Lymantriidae

翅展25~40毫米。头、胸部鲜黄色。腹部橙黄色，微带暗棕色；肛毛簇黄色。前翅内线与外线黄白色，肘状弯曲；两线间后半部散布浅黑色鳞片，形成达后缘的短带；外缘波浪状起伏，后缘有稀疏的直立长毛。后翅浅黄色。足上的毛长而密。

习性：幼虫主要取食梨、火炭母等的叶片。老熟幼虫常作茧化蛹。成虫夜间有趋光性。

河星黄毒蛾 *Euproctis staudingeri* (Leech)　　毒蛾科 Lymantriidae

翅展34~50毫米。触角黄色，栉齿灰棕色。下唇须黄色，外侧褐色。头部黄色。前翅橙黄色，基部有红棕色斑；外区有1条红棕色斜带，斜带从翅前缘至翅后缘，其上稀布黑色鳞片；中室末端有1个黑点，缘毛黄色。后翅以浅黄色为主，后缘橙黄色。前后翅反面浅黄色。

习性：低龄幼虫有群集和吐丝下垂的习性，幼虫静止时前足常向前伸出。成虫有趋光性。

绢网蛾 *Herdonia osacesalis* Walker　网蛾科 Thyrididae

翅长 14~25 毫米。头灰色。触角单栉形，灰黄色。体色乳白色，略显黄色。前翅大部分区域半透明，有丝质光泽；顶角弧形，内侧微粉白色，有两条短黑纹；前缘、后缘黄色，中室透明，臀角与肘脉间有褐色晕斑。后翅大部分区域绢白色，中带由 4 条棕褐色线组成，外缘黄褐色。

习性：幼虫取食植物叶片并在叶片间化蛹，丝茧很薄。属于较少见的种类。

龙眼裳卷蛾 *Cerace stipatana* Walker　卷蛾科 Tortricidae

翅展 37~54 毫米。头部、颈片白色。触角黑色，有白环。腹部黄色，尾部黑色。前翅紫黑色，前缘有横向的白色条斑，越近顶角条斑越短；前缘以内的翅面有 5 列近方形的白斑，越近外缘处白斑数越多；中间直至外缘有红褐色斑带，斑带从外缘中部扩大，火红色。后翅基部白色，外缘有 1 个较宽的黑斑，缘毛灰白色。

习性：成虫停息时翅呈屋脊状覆盖身体。以蛹在寄主叶苞中越冬。

斜纹带蛾 *Ganisa pandya* Moore

带蛾科 Eupterotidae

翅展约 70 毫米。体以黄褐色为主。体背面和翅靠近身体的区域有较厚密的毛。头、颈部黑褐色。触角被浅褐色毛。前翅灰褐色，具 5~6 条深色波状纹；中室有黑色眼斑，缘毛深棕色。后翅斑纹与前翅相似，中室无黑斑。

习性：成虫黄昏后活跃，飞舞或交配，有趋光性。以蛹越冬，蛹期 7~8 个月。羽化多在夜间，羽化第 2 天即交配，交配后当晚或第 2 天夜间产卵。

松栎枯叶蛾 *Paralebeda plagifera* (Walker)

枯叶蛾科 Lasiocampidae

翅展 69~120 毫米。成虫停息时远看像卷起的枯叶。全身以褐色为主，触角黄褐色，复眼黑色。胸部有灰褐色长毛。前翅中部有棕褐色斜带；斜带前缘直，后端稍窄，颜色浅；边缘灰白色；亚外缘斑列赤褐色，呈波状。后翅颜色浅，中间有 2 条黑色斑纹；翅反面基半部深褐色，圆弧状；端半部颜色浅。

习性：幼虫植食性，以低龄幼虫越冬。成虫将卵产在寄主植物的树干或枝叶上。

蓑蛾

蓑蛾科 Psychidae

体型中等偏小。雄蛾复眼小，无单眼，口器退化。雄性翅发达，翅面有鳞片或只有鳞毛，呈半透明状，翅斑简单，颜色暗。雌蛾一生保持幼虫形态，无翅，在蓑囊中完成交配和产卵。

习性：以幼虫或卵越冬。初龄幼虫活泼，群集在雌蛾的蓑囊表面，吐丝下垂，随风飘散，随后在叶面、树枝上吐丝造新囊，藏于其中。老熟幼虫将囊用丝固定，悬挂在植物上，并在囊内化蛹。

舞蛾

舞蛾科 Choreutidae

体型小。体以黑褐色为主。触角褐色、白色相间。前翅底色为褐色，具黑色斑和由白色小点组成的横带。停息时，翅中部的白色横带左右相连。翅末端的白色小点稀疏，勉强组成带状。缘毛较长，灰黑色，杂有白色。顶角处有 2 个较大的橙黄色斑。

习性：成虫休息时翅像孔雀开屏般斜向展开，并在叶片上不停转圈，似在跳舞。幼虫植食性。

麦蛾　　麦蛾科 Gelechiidae

体型偏小。体以黄白色为主，有灰色或银色斑纹。触角较长。下唇须很长，密布黑色毛；末端伸出头前很多，并呈细丝状向头顶弯折，约达复眼后。前翅较狭长，有银白色光泽；缘毛长，黄白色。后翅外缘凹入，顶角尖突。幼虫颜色浅，体表无毛。

习性：幼虫植食性，在丝茧内化蛹。成虫夜间有趋光性。

大燕蛾 *Nyctalemon menoetius* Hopffer　　燕蛾科 Uraniidae

大型蛾类，翅长约 50 毫米。翅以红褐色为主，前缘颜色浅，有黑灰相间的花纹，基部有棕黑色短线状散纹，外侧有较宽的灰褐色区域。后翅基部毛较多，棕黑色短线纹集中在端部，外缘有齿状突和长约 25 毫米的尾突。尾突基部赭色，端部白色，有黑褐色边。停息时，前后翅中部的白色条带拼合成“V”形。

习性：成虫白天活动于林间，夜间有趋光性。幼虫植食性。

巨尾天蚕蛾 *Actias maenas* (Doubleday)　天蚕蛾科 Saturniidae

体型较大。头污黄色。触角短，污黄色，雄蛾为双栉形。前翅黄色，顶角弧形；前缘有紫色条带，条带从翅基部直达顶角；中室端部有钩形眼纹；眼纹内侧黑色，外侧橘黄色，中间粉红色；翅外缘紫色。后翅与前翅颜色相似，中室的眼纹椭圆形；后角向后延伸呈飘带状，长约100毫米；飘带延长部分棕褐色，端部稍扩展，黄色。

习性：幼虫主要取食榕、樟、枫杨、悬铃木、柳树等。成虫飞行姿态优美，夜间有趋光性。

冬青天蚕蛾 *Archaeoattacus edwardsii* (White)　天蚕蛾科 Saturniidae

翅展约280毫米。体棕红色至紫红色。头和触角橘红色，触角双栉形。前翅顶角显著突出，顶端钝圆，外缘黄色，内侧有3个斜向排列的黑斑，上方2个黑斑之间有白色波纹，整体如蛇头；中室端部有三角形透明区域，周围镶黄边。后翅颜色与前翅相同，前缘和基部白色；外缘线黑黄相间，呈垛口形；中室端的透明区域后缘内陷。

习性：幼虫取食冬青、柳、樟树等。成虫夜间活动，有趋光性，飞行姿态像蝙蝠。

乌桕天蚕蛾 *Attacus atlas* (Linnaeus) 天蚕蛾科 Saturniidae

翅展可超过 200 毫米，是世界上最大的蛾类。体以红褐色为主。前翅顶角突出，向下弯曲，颜色淡，花纹似蛇头。前后翅中间各有 1 个三角形透明区域，该区域周围有弧形不规则黑白线，黑线在内，白线在外；翅外缘棕色。停息时，前后翅外缘图案模拟蛇类。

习性：幼虫取食乌桕等植物。成虫夜间活动，有趋光性，飞行动作像蝙蝠。

异豹天蚕蛾 *Loepa diffundata* Brechlin 天蚕蛾科 Saturniidae

体型较大，前翅长 48~62 毫米。头部、触角褐色。前翅宽大，黄色；顶角钝圆，后侧有 1 个黑斑；外线呈强烈的波浪状；亚外缘线双行，黑色，波浪形；缘线乳白色；翅前缘有粗的灰褐色带，中室有褐色眼形斑，缘毛黄褐色。后翅斑纹与前翅相似。

习性：幼虫肥大，主要取食树叶。老熟幼虫织茧，在地下化蛹。成虫夜间有趋光性。

黄珠天蚕蛾 *Saturnia anna* Moore　天蚕蛾科 Saturniidae

翅展 85～95 毫米。头灰褐色，触角黄褐色。前翅棕褐色，布满黄色鳞粉；顶角外突，端部钝，内侧近前缘有黑色眼斑和粉红色区域；外线双行，黑色，呈波浪形；缘线灰黑色，在各翅脉处断开；亚缘线与缘线间有黄色宽带；中室端有大的圆形眼斑，斑周围黑色。后翅颜色与前翅近似，中室端部的眼斑略小于前翅，斑周围紫红色。

习性：成虫多在后半夜出现在灯下。幼虫体型大，取食树叶。

月目珠天蚕蛾 *Rinaca zuleika* Hope　天蚕蛾科 Saturniidae

体型较大。头棕黑色，触角褐色。前翅三角形，端半部棕黑色，基半部紫粉色，两部分之间沿翅脉有波形白色纹；内线为白色宽带；外线双行，锯齿形；外缘线黑色，两线之间有较宽的棕紫色区；顶角外突，端部钝圆，内侧近前缘有黑色斑，黑斑外有倒三叉形黄斑；中室端部有半月形眼斑。后翅前缘紫红色，外缘黄褐色；中室眼斑黑色，圆形。

习性：成虫多夜间活动，有趋光性，不取食。幼虫植食性。

猫鸮目天蚕蛾 *Salassa thespis* Leech　天蚕蛾科 Saturniidae

翅展 110~120 毫米。雄蛾触角双栉形，雌蛾栉齿形。头灰褐色，触角黄褐色。前翅以棕褐色为主，散布黄色鳞毛；内线棕褐色，弧形；外线由锈红色波浪形纹和半透明浅白斑组成，亚外缘线锈色宽齿状，外侧至外缘红褐色；中室有较大的绿色圆斑。后翅以黄褐色为主，色彩和斑纹模拟猫头鹰面部。

习性：成虫夜间活动，趋光，多在后半夜出现。幼虫植食性。

王氏樗天蚕蛾 *Samia wangi* Naumann et Peigler　天蚕蛾科 Saturniidae

翅展 130~160 毫米。头部、触角黄褐色。翅以黄褐色为主，前翅顶角外突，端部钝圆，内侧后方有 1 个黑色眼斑，斑的上方有白色细纹，整体如蛇头；内线、外线均为白色，有黑边；外线外侧有紫色宽带，中室端部有细长的弧形半透明区域。后翅色斑与前翅相似。前后翅缘毛黄褐色。

习性：成虫夜间活动，有很强的趋光性，大多不取食。幼虫植食性。

中文名索引

拉丁名索引

R

S